일주일 만에 끝내는

카리스마  선생의

지구과학

일주일 만에 끝내는

카리스마 선생의

지구과학

김은량 지음

파라북스

일주일 만에 끝내는
카리스마 선생의
지구과학

2007년 12월 7일 초판 1쇄 인쇄
2007년 12월 14일 초판 1쇄 발행

지은이 | 김은량
펴낸이 | 김태화
펴낸곳 | 파라북스

주간 | 이성옥
기획 | 조은주·홍효은
마케팅 | 박경만
관리 | 이연숙
책임편집 | 전지영
본문 디자인 | 신지혜
표지일러스트 | 문성준
본문일러스트 | 전광열

등록번호 | 제313-2004-000003호
등록일자 | 2004년 1월 7일
전화 | 02) 322-5353   팩스 | 02) 334-0748
주소 | 서울특별시 마포구 서교동 343-12
홈페이지 | www.parabooks.com

ISBN 978-89-91058-88-0(44450)

*값은 표지 뒷면에 있습니다.

책을 펴내며

영화 〈ET〉에는 주인공 엘리어트와 ET가 자전거를 타고 하늘을 나는 장면이 나옵니다. 또 피터팬과 웬디가 고요한 밤하늘을 나는 장면도 생각나는군요. 정말 환상적이고 아름다운 장면이었습니다.

별들을 바라보면 '저 많은 별 중에 어디에선가 우리를 보고 있는 생명체가 있지 않을까' 하는 생각이 들곤 합니다. 이처럼 밤하늘은 무언가 신비로운 것들로 가득합니다. 어디 밤하늘뿐이겠습니까?

파란 하늘과 맑은 공기, 생명을 키우는 대지와 생명수인 물, 어느 것 하나 우리가 살아가는 데 덜 소중한 것이 없네요. 현재까지 알려진 바로는 생명체가 살고 있는 유일한 행성인 지구. 우리는 이 아름다운 별 '지구'에 살고 있습니다.

사람들은 땅과 바다를 터전으로 해가 뜨면 하루를 시작하고 달과 별이 뜨면 하루를 마감합니다. 지금으로부터 수십억 년 전부터 지구에는 낮과 밤이 계속되어 왔고 계절이 수없이 많이 바뀌었으며 수많은 생명체가 지구에서 살다 사라졌습니다.

이렇게 오랜 시간 살아 움직이며 많은 생명체를 키워 낸 지구가 최근 심한 몸살을 앓고 있습니다. 전 세계적으로 폭염과 폭우 등 기상이변이 일어나고, 가뭄과 태풍, 해일과 같은 자연재해가 끊이지 않고 있지요. 게다가 지구의 온도가 점점 높아지면서 빙하가 녹아 저지대가 조금씩 물에 잠기는 중입니다.

무엇이 이렇게 지구를 병들게 하는 것일까요? 인류는 병들어 가는 지구를 그저 지켜보는 수밖에 없는 걸까요?

자, 이제 지구를 다시 건강한 모습으로 되돌려 놓아야 할 때입니다. 지구를 사랑하는 사람들, 바로 이 공순이 쌤과 여러분이 해야 할 일이랍니다.

그런 의미에서 우리가 살고 있는 천체 '지구'에 대한 공부부터 시작해 볼까요?

지구라는 천체를 연구하는 학문이 바로 지구과학입니다. 조금 더 자세하게 이야기하면 대기에서 일어나는 현상을 연구하는 기상학, 지구의 물질과 상태와 구조 등을 탐구하는 지질학, 바다 현상에 초점을 맞춘 해양학, 그리고 지구 밖 천체들을 대상으로 하는 천문학으로 나눌 수 있습니다.

　지구과학을 통해 우리 지구가 어떤 모습을 지녔는지, 어떻게 살아 움직이는지, 또 우주와는 어떤 관계를 맺고 있는지 안다면 지구를 좀더 소중히 여기게 될 거예요.

　여러분과 함께 지구에 대해 공부할 수 있게 되어 쌤은 아주 든든하고 기분이 좋답니다. 이 우주에서 단 하나 뿐인 초록색 별 지구가 다시 건강해지는 그날까지 여러분이 함께 열심히 노력해 주길 바랍니다.

　자! 이제 지구로의 여행을 시작해 볼까요?

김 은 량

차 례

일주일 만에 끝내는
카리스마 선생의 지구과학

3 셋째 날
날씨를 만드는 공기의 힘

4 넷째 날
생명이 시작된 바다의 비밀

7 일곱째 날
우주 탐사단, 제2의 지구를 찾아서

첫째 날 | # 빙빙 도는
지구의 구조

1

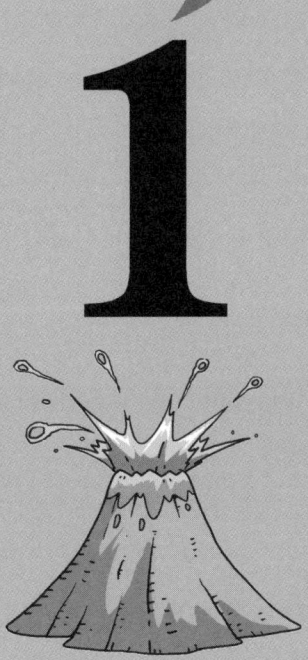

지구의 형태

여러분도 한번쯤 하늘을 보면서 이 세상이 어떻게 생겼을까 하는 생각을 하지 않았나요? 과학이 발달한 현대를 사는 우리도 우주의 생김새에 대해 궁금해하는 것처럼 옛날 사람들 역시 우주의 모양에 대한 궁금증이 아주 컸답니다.

재미있는 이야기를 하나 할게요. 고대 인도의 왕은 어느 날 문득 우주가 얼마나 큰지 궁금해졌어요. 한번 궁금하면 반드시 궁금증을 풀어야만 직성이 풀리는 왕은 세상의 진리를 모두 안다는 명망 있는 마법사를 왕궁으로 불렀습니다.

"현명한 마법사여! 짐은 지구를 떠받치고 있는 것이 무엇인지 궁금해서 도저히 잠을 잘 수가 없소. 지구를 받치고 있는 것이 도대체 무엇이오?"

"예, 폐하! 지구는 커다란 코끼리가 받치고 있사옵니다."

궁금증이 풀린 왕은 이날 밤 만족하며 잘 수 있었지요. 그런데 아침에 일어나자 다시 새로운 궁금증이 생겼어요.

'그렇다면 그 코끼리를 받치고 있는 것이 있지 않겠는가.'

왕은 다시 마법사를 불러들여 재차 물었습니다.

"그렇다면 지구를 받치고 있는 코끼리는 무엇이 받치고 있소?"

"코끼리는 커다란 거북이, 그 거북은 더 큰 거북이 받치고 있습니다. 또한 그 거북 밑에는 그보다 더 큰 거북이, 그 밑에는 그보다 더 큰 거북이 받치고 있사옵니다."

왕은 무릎을 치면서 크게 기뻐했습니다.

"오늘은 내 기필코 우주의 크기를 알아내고서야 잠에 들리라."

왕은 우주의 크기를 재기 시작했습니다.

"거북 하나, 거북 둘, 거북 셋, 거북 넷, 거북 다섯……."

이것은 우주에 대한 고대 인도사람들의 생각을 약간 변형시켜서 재미있게 풀어낸 이야기입니다. 인도사람들은 우주의 모양을 다음과 같이 생각했다고 해요.

거대한 뱀 위에 거북이 올라 앉아 있고, 그 거북의 등 위에 4마리의 코끼리가 반구 모양의 대지를 떠받들고 있습니다. 그리고 그 중앙에는 수미산이 솟아 있으며, 해와 달이 그 위를 돌고 있다는 것이죠.

반면 고대 그리스인들은 세상은 속이 텅 빈 거대한 공 모양이고 그곳에 태양과 별이 붙어 있으며, 그 가운데 떠 있는 편평한

수메르인의 우주관

인도인의 우주관

첫째 날

둘째 날

셋째 날

넷째 날

다섯째 날

여섯째 날

일곱째 날

원반 모양의 세계에 사람이 살고 있다고 생각했다는군요. 그들은 모두 지구를 편평하다고 생각했기 때문에 멀리 나가게 되면 지구에서 떨어진다는 두려움을 가지고 있었다고 합니다.

옛날 사람들이 상상했던 우주의 모양은 정말 다양하지요? 고대인들은 상당히 창의적인 생각을 한 것 같습니다. 그렇다면 지구 모양에 대한 옛날 사람들의 생각은 어땠을까요? 무엇보다 지구가 둥글다는 것을 어떻게 눈치 챘을까요?

지구가 둥글다고 생각한 사람은 그리스의 피타고라스 학파 사람들이었어요. 그들은 이 세상에서 가장 완벽한 도형이 공처럼 둥근 구형이기 때문에 달도 태양도 둥글고 지구 역시 둥근 형태일 거라고 생각한 것이죠.

이러한 생각을 과학적으로 증명한 사람은 바로 고대 그리스의 철학자 아리스토텔레스로서, 그는 지구가 둥글다는 주장에 대해 다음과 같은 세 가지 증거를 내세웠습니다.

친절한 카리스마 -

피타고라스, 살해되다
'직각삼각형 빗변의 제곱은 다른 두 변의 제곱의 합과 같다'는 피타고라스의 법칙을 발견한 피타고라스가 폭도들에 의해서 살해당했다는 사실을 아시나요? '수학의 아버지'라 할 수 있는 피타고라스가 세운 피타고라스 학교 학생들은 주로 귀족의 자제들로서, 별 모양의 오각형 배지를 달고 다니며 학교를 자랑스럽게 여겼습니다. 그리고 졸업 후에는 피타고라스 학파를 결성하여 정치에 관여하는 등 막강한 권력을 행사하곤 했습니다.
그런데 이 명망 있는 학교의 입학을 거절당한 한 사나이가 학교에 불을 질렀고, 이 불길을 피해 나온 피타고라스를 폭도들이 붙잡아 살해했다고 합니다.

첫째, 항구로 들어오는 배는 돛대부터 보인다.

둘째, 북쪽 지방으로 갈수록 북극성의 고도가 높아진다.

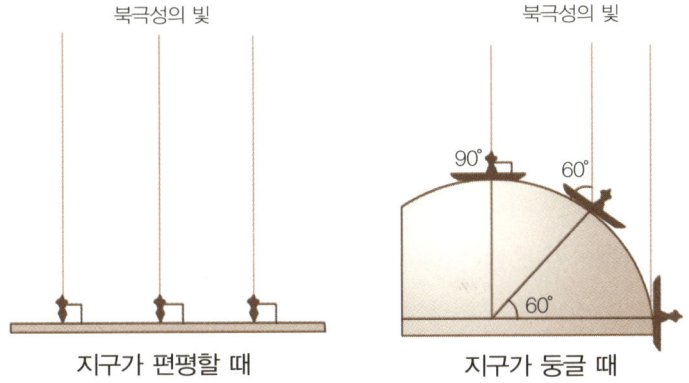

셋째, 월식이 진행되는 동안 달에 비치는 지구의 그림자가 둥글다.

월식의 모습

어때요, 이 정도의 증거라면 지구가 둥글다는 것을 믿을 수 있지 않을까요?

아리스토텔레스는 자신의 책 『천계에 대하여』에서 이런 말을

첫째 날

둘째 날

셋째 날

넷째 날

다섯째 날

여섯째 날

일곱째 날

했습니다.

천공은 아무래도 구형이어야 한다. 구는 우주의 본질을 생각할 때 가장 느낌이 좋은 모양이며 본래 기원적으로 최초의 모양이기 때문이다.

여러분도 둥근 모양을 보면 좋은 느낌이 드나요? 그렇지만 그 당시 사람들은 이러한 증거에도 불구하고 지구가 둥글다는 사실을 받아들이지 못했다고 하네요.

사람들이 지구가 둥글다는 사실을 받아들이게 된 결정적 계기는 바로 16세기 초에 있었던 마젤란의 항해였습니다. 그는 지구를 일주하는 이 항해를 통해 어느 한쪽으로 계속 가다 보면 결국 제자리로 돌아오게 됨을 보여 주었습니다.

그로써 한쪽으로 계속 가다가는 지구 밖으로 떨어질 것이라는 과거의 생각이 틀렸으며, 지구의 모양이 둥글다는 것을 확인시켜 준 결정적인 계기가 된 것입니다.

그 뒤 과학기술이 한층 발달한 후 아폴로 우주선에서 찍은 지

친절한 카리스마 --

Q : 지구 모양이 타원체라는 말이 정말 사실인가요?

A : 네, 맞아요. 지구뿐만 아니라 태양계의 모든 행성들은 자전으로 인한 원심력 때문에 적도 부분이 극지방보다 조금 더 튀어나와 적도 반지름이 극반지름보다 조금 더 긴 형태의 타원체 모양입니다.
1983년 국제측지학회에서 계산한 지구의 편평도는 약 1/300로 아주 작은 값입니다. 따라서 눈으로 봐서는 타원의 형태가 느껴질 정도는 아니랍니다.

구의 사진은 그 동안의 생각들을 확실하게 바꾸어 놓았습니다. 사진 속 지구의 모습은 확실한 둥근 형태였거든요!

와! 우리가 그 당시 우주에서 최초로 찍은 지구의 본래 모습을 봤더라면 진짜 감동 '짱!' 이었을 겁니다. 그리고 이구동성으로 이렇게 외쳤겠지요.

"여러분! 정말 지구는 둥글답니다."

첫째 날

둘째 날

셋째 날

넷째 날

다섯째 날

여섯째 날

일곱째 날

지구의 크기

1

지구 모양을 확인할 수 없는 상태에서 이 편평한 땅을 보고 지구 모양이 둥글다고 한 아리스토텔레스는 정말 대단한 관찰력과 사고력을 지닌 사람이라는 생각이 들지 않나요?

그런데 그에게 견줄 만한 또 한 사람의 천재가 있었는데, 바로 지구의 크기를 측정한 사람입니다. 그는 한 번에 바라볼 수도 없는 지구를, 이 엄청나게 커다란 지구의 크기를 잰 것이죠.

혹시 장난감 지구본의 크기를 잰 것이라고 생각하고 있는 건 아닐 테죠? 진짜 지구의 크기를 잰 사람은 바로 에라토스테네스 (기원전 275~기원전 192년)입니다.

에라토스테네스는 당시 알렉산드리아의 왕실부속 학술연구소인 무세이온의 도서관장이었습니다. 천재라고 할 만큼 머리가 좋아 '베타'라고 불리기도 했습니다. 그 당시 플라톤 다음으로 머리가 좋고 박식하다는 의미에서 붙여진 별명이라고 하네요.

에라토스테네스는 여느 때처럼 도서관에서 책을 읽고 있었습니다. 그러던 중 하짓날(6월 21일경으로, 낮이 가장 길고 밤이 가장 짧다) 정오에 남이집트의 시에네에서는 우물 바닥까지 태양빛이 비추는 한편, 사원 돌기둥의 그림자 역시 생기지 않는다는 것을 알게 되었습니다.

그와는 달리 자신이 살고 있던 알렉산드리아에서는 그 시간에

돌기둥의 그림자가 짧아지기는 해도 시에네처럼 아예 사라지지는 않았습니다. 이것을 이용하면 지구의 크기를 구할 수 있으리라 여긴 그는 지구 크기 측정 실험을 계획하게 됩니다.

기원전 240년 6월 21일 정오, 그는 준비해 둔 막대기를 이용해서 두 지점의 태양의 고도 차이를 측정했고, 두 지방 사이의 거리는 사람을 시켜 발걸음수로 세게 했습니다. 이것으로 그는 지구의 둘레를 계산해낸 것이지요.

어떻게 겨우 이 두 가지 값으로 엄청난 지구의 크기를 구해낼 수 있는 거냐고요? 그 원리는 너무나도 단순한 원의 성질에 따른 것이죠. 지구라는 원에 간단한 비례식을 적용시킨 에라토스테네스. 역시 수학자 출신답다는 생각이 들지 않나요?

에라토스테네스가 측정한 두 지방의 태양 고도 차이는 7.2°였습니다. 그리고 사람을 시켜 측정한 두 지방 사이의 거리는

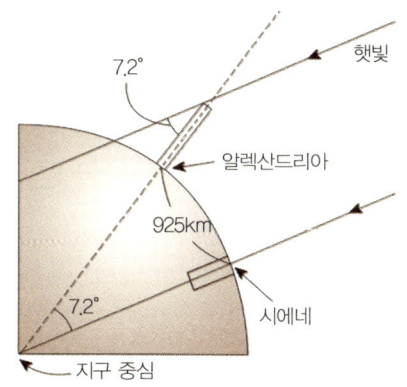

에라토스테네스의 지구 둘레 측정

첫째 날

둘째 날

셋째 날

넷째 날

다섯째 날

여섯째 날

일곱째 날

5,000스타디아('운동장 한 바퀴 도는 거리'를 기준으로 한 그리스 시대의 단위), 다시 말해 약 925km였다고 해요.

그럼 에라토스테네스가 했던 것처럼 우리도 이 측정값들을 간단한 원의 비례식에 넣어 볼까요?

$$7.2° : 5,000스타디아 = 360° : 지구의 둘레$$

어마어마한 지구의 크기를 구해내기에는 너무나 간단한 식이지요? 에라토스테네스는 바로 이 식을 통해서 지구의 둘레는 25만 스타디아(약 4만 6250km)라는 값을 구한 것입니다. 그런데 이 값은 오늘날의 측정값보다 약 6,000km 정도 작은 값이라고 하네요.

오차가 너무 큰 게 아니냐구요? 정말 그럴까요? 에라토스테네스의 측정이 있고 200년이 지난 뒤 지구의 크기를 계산한 스트라본(약 기원전 64~23년)이나, 또 그로부터 100년 후 프톨레마이오스(약 85~165년)가 측정한 값도 오히려 에라토스테네스가 구한 값보다 정확성이 훨씬 떨어지는걸요. 이로 볼 때 에라토스테네스의 측정값이 상당히 훌륭하다는 것을 알 수 있겠죠?

그렇다면 왜 에라토스테네스의 실험 결과가 현재의 값과 차이가 생긴 걸까요?

에라토스테네스의 실험에서 중요한 것은 두 가지의 가정과 조건이에요. 그의 실험은 '지구가 완전히 둥근 모양'이라는 가정하에 실시된 것이지만 실제 지구는 완전한 둥근 모양이 아니라 타원형이랍니다.

또 한 가지, '태양광선은 지상에 평행하게 들어온다'는 전제를 충족시키기 위해선 측정한 두 곳이 위도만 다를 뿐 경도는 같아야 하는데, 실제 알렉산드리아와 시에네는 경도가 같지 않았던 겁니다.

그리고 두 지역 사이의 거리를 발걸음수로 쟀다는 데에도 오차가 생길 수 있는 여지가 있지 않았을까요? 발걸음수로 얼마나 정확하게 두 지역 간의 거리를 측정할 수 있었겠어요.

오차가 있다고는 해도 오차값이 그다지 크지 않아 에라토스테네스의 방법은 현대과학에서도 훌륭한 실험으로 인정받고 있답니다. 작은 각도기 하나로 지구의 크기를 구해낸 이 방법은 후에 태양을 비롯한 다른 천체들의 크기를 구체적으로 나타낼 수 있는 계기가 됩니다.

지구의 크기를 구해내기 전까지는 지구에서 천체까지의 거리나 천체의 크기는 단지 비례식을 이용한 상대적인 값만 알 수 있었습니다. 그러던 것이 지구의 크기를 알게 된 이후에는 여러 천체들의 크기나 천체 사이의 거리를 정확한 수치로 나타낼 수 있었던 거죠.

그때까지는 '그저 ~의 몇 배'라고 표현되던 많은 값들이 고유의 값을 갖게 되었으니 에라토스테네스의 지구 크기 측정 실험은 천문학사에 매우 중요한 의미를 남겼다고 할 수 있습니다.

그런데 이것 말고도 에라토스테네스의 위대함은 한 가지가 더

첫째 날

둘째 날

셋째 날

넷째 날

다섯째 날

여섯째 날

일곱째 날

있답니다. 그는 지구의 둘레 측정 실험을 소개한 저서에서 지구를 가로와 세로로 나누는 선, 즉 오늘날의 위도와 경도를 도입한 세계 최초의 세계지도를 만들어냈다는 것입니다.

에라토스테네스는 결국 수학과 과학뿐 아니라 지리학에서도 큰 공을 세운 사람으로 평가하기에 절대 부족함이 없겠죠?

지구의 구조

첫째 날

둘째 날

셋째 날

넷째 날

다섯째 날

여섯째 날

일곱째 날

자, 지구의 모양과 크기를 살펴보았으니 이제 구조를 살펴볼까요?

지구의 구조는 크게 지구의 공기층인 대기권, 지구 표면의 약 70%를 차지하는 수권, 지표면과 지구 내부을 이루고 있는 암권과 내권으로 나눌 수 있습니다.

여러분은 우리가 살아가는 데 있어 가장 중요한 것이 무엇이라고 생각하나요? 혹시 먹을 것이라고 생각하는 사람은 없나요?

사실 우리 인간은 음식 없이는 몇 주일을 버틸 수 있고, 물이 없어도 며칠은 생명을 유지할 수 있다고 합니다. 그런데 몇 분만 없어도 우리의 생명이 끝날 수 있는 것이 있는데, 바로 공기랍니다. 공기의 중요함을 알 수 있는 일화 한 가지를 소개할게요.

천문학자이자 기상학자인 영국의 제임스 글레이셔는 1862년 9월 열기구를 타고 하늘 위로 올라갔습니다. 그 당시에는 고층의 일기상태를 알기 위해 기구를 타고 올라가 관측을 실시했다고 하네요. 하지만 대략 3~4km까지만 올라갈 수 있었을 뿐 그 이상의 높이에서는 공기가 부족해 관측을 하는 게 어려웠다고 합니다.

글레이셔 역시 그 동안 여러 차례 기구를 타고 올라가 고층 관측을 실시하였는데, 바로 이날은 동료 H. T. 콕스웰과 함께 자유기구를 타고 고공관측을 하게 됩니다. 기구에는 온도계와 기압계와 같은 측정장치와 함께 비둘기도 태웠습니다.

올라갈수록 기온이 점점 낮아지고 공기도 부족하여 숨쉬기가 어려워졌습니다. 8km쯤 오르자 비둘기는 더 이상 숨을 쉬지 않았습니다. 기온은 영하 30℃였지요.

결국 11km 상공까지 올라간 두 사람은 동상과 산소 부족에 의한 호흡 곤란으로 정신을 잃었다가 겨우겨우 살아 돌아오게 됩니다.

11km까지의 고공관측 성공이라는 신기록을 세우기는 했지만 산소 부족으로 자칫 목숨을 잃을 뻔한 것이지요.

지구를 둘러싸고 있는 공기를 대기라고 합니다. 또 이러한 공기층을 대기권이라 하는데, 대략 지표면에서 약 1,000km 높이까지 분포하고 있습니다. 대기는 주로 질소와 산소로 이루어져 있으며 적은 양의 수증기나 이산화탄소 같은 여러 가지 기체도 섞여 있습니다.

지금과 같은 대기 성분은 옛날부터 지금까지 지속되어 온 것이 아닙니다. 지구를 이루고 있는 거의 대부분의 것들은 과거에서부터 현재까지 그 모습이 변화되어 왔는데, 대기 조성 역시 마찬가지입니다.

약 46억 년 전 지구 최초의 대기는 주로 수소와 헬륨, 메탄, 암모니아와 같은 기체로 이루어져 있었답니다. 오늘날의 대기 성분과는 많은 차이가 있지요? 뜨거웠던 지구가 점차 식어 가면서, 바다가 생기면서, 또 생명체가 탄생하여 번성하면서 지구의 대기는 계속 변화되어 왔던 것입니다.

이 과정에서 최초의 지구에는 많았던 기체들의 양이 적어지고 없었던 기체들의 양이 점차 많아지면서 결국 오늘날과 같은 대기권을 갖게 된 것입니다.

영국의 물리학자 채프먼은 이러한 대기층을 높이에 따른 온도의 변화를 기준으로 4개의 층으로 구분했습니다.

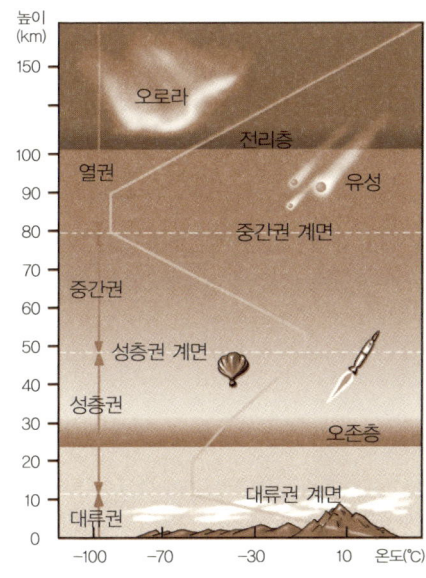

높이에 따른 대기권의 기온 분포

지구 대기권에 대해서 좀더 구체적으로 알아볼까요?

먼저 우리 인간과 대부분의 동식물이 살아가고 있는 대류권(대기권의 최하층)은 높이 올라갈수록 기온이 낮아집니다. 높이 약

첫째 날

둘째 날

셋째 날

넷째 날

다섯째 날

여섯째 날

일곱째 날

12km까지의 구간으로 이곳에는 지구 대기의 약 70~80%가 분
포하며, 공기는 대류(기체나 액체에서 열이 전달되는 현상)에 의해 섞
이는 혼합작용이 활발하게 일어납니다.

　이러한 대류 과정에서 대기 중의 수증기가 상태 변화를 일으
킴으로써 구름이 만들어지고 눈이나 비가 내리는 등 일기의 변
화가 일어나는 것입니다. 우리가 실제 느끼는 날씨의 변화는 대
류권에서만 볼 수 있는 현상이라고 할 수 있습니다.

　대류권 위로는 높아질수록 온도가 상승하는 성층권이 나타납
니다. 성층권에는 오존층이 존재하는데, 오존층이란 여러분도
잘 알고 있듯이 유해한 자외선을 차단함으로써 지구의 생명체들
을 보호해 주는 역할을 합니다. 그토록 중요한 오존층이 파괴되
고 있다 하여 현재 오존층 보호 운동이 활발하게 전개되고 있습
니다.

친절한 카리스마 -

오존의 두 얼굴
지구 전체의 오존 중 성층권에 있는 오존층을 제외한 약 10% 정도는 대기
권에 분포합니다. 그 중에서도 배기가스에서 나오는 이산화질소, 휘발성
유기화합물 등의 기체가 강한 햇빛을 받아 광화학작용을 일으켜 생성하는
대기오염의 부산물인 오존은 인간을 비롯한 모든 생명체에 아주 해로운 영
향을 미칩니다.
오존은 4~6월경 초여름철에 많이 발생하고 2~5시경에 최고치를 나타내
는데, 특히 바람 한 점 없는 무더운 날에는 고농도의 오존이 생성됩니다.
오존 농도가 0.1~0.3ppm 정도에 이르면 코를 자극하는 냄새가 나며 호
흡기나 눈 등을 자극해 기침이 나고 눈이 따끔거립니다. 농도가 더 진하면
불쾌감, 두통, 피로감, 숨막힘 등의 증상이 나타나는데, 특히 노약자와 아기
나 유아들은 기관지염, 심장병, 폐기종, 천식 등이 악화될 수 있습니다.

여기서 퀴즈 하나 내 볼게요. 오존층을 지상의 0℃, 1기압의 상태로 가져다 놓는다고 가정했을 때 그 두께가 어느 정도일 것 같나요? 오존층은 DU(Dobson Unit)란 수치를 사용하여 두께를 표현하는데, 1/100mm를 1DU이라고 해요. 적도 지방은 평균 250~300DU, 고위도 지방에서는 300~475DU가 정상이며 그 이하이면 오존층 파괴로 간주하지요. 따라서 답은 약 3~4mm입니다. 어때요? 생각보다 두껍지 않지요? 이런 오존층이 지구 생명체를 보호하고 있는 것이랍니다.

성층권은 또한 높이에 따라 기온이 상승하여 공기층이 매우 안정적이라는 특징이 있습니다. 그 때문에 비행기의 항로로 많이 이용되고 있는 곳이지요.

다음은 중간권입니다. 중간권은 성층권과는 반대로 높이 올라갈수록 기온이 하강하는데, 중간권이 끝나는 경계면('중간권 계면'이라고도 한다)에서는 −60℃ 정도로 낮아져 지구의 대기권 중 가장 온도가 낮습니다.

대류는 일어나지만 공기가 희박해서 기상 현상은 일어나지 않습니다. 하지만 이곳에서는 유성, 흔히 별똥별이라 부르는 현상이 나타납니다.

열권은 지상에서 약 80km 이상의 대기층으로서, 높이 올라갈수록 계속 기온이 상승합니다. 공기가 거의 없어 낮과 밤의 기온차가 매우 크고, 극지방의 상공에서는 오로라 현상을 볼 수 있습니다.

요컨대 지금까지 살펴본 지구의 대기층은 생명체가 호흡할 수

첫째 날

둘째 날

셋째 날

넷째 날

다섯째 날

여섯째 날

일곱째 날

있는 기체를 공급해 주고, 운석의 충돌로부터 보호해 주며, 지구의 열이 우주공간으로 빠져나가는 것을 방지해 주는 등 생명체들이 살아갈 수 있는 환경을 만드는 데 필수 불가결한 역할을 하고 있다고 할 수 있습니다.

지구의 구조 중 두 번째로 소개할 부분은 수권입니다.

실제 지구의 3분의 2 이상은 바로 물이 차지하고 있으며, 그 때문에 지구를 '물의 행성'이라고도 부른답니다.

지구 표면을 덮고 있는 부분을 수권이라고 합니다. 좀더 정확하게 정의하면 대기층의 수증기를 제외한 지구상의 물이 존재하는 영역으로, 지구 표면에 해양·호수·하천·얼음 등과 같이 다양한 형태로 분포되어 있는 물의 범위를 말합니다.

그런데 지구에만 물이 많은 것은 아니랍니다. 자, 또 퀴즈입니다. 사람의 몸은 무엇으로 이루어져 있나요?

여러분도 잘 알겠지만 우리 인간은 70% 정도가 물로 이루어져 있습니다. 해파리와 같은 수생생물은 98% 이상이 물로 이루어져 있다고 하니 생물체의 대부분이 물을 필요로 함은 당연하다고 하겠습니다.

지구에 있는 물의 총량은 13~14억 km³에 이르는데, 이 중에서 해수의 비율이 97.2%이고, 빙하와 얼음이 2.15%를 차지합니다. 단지 0.65%만이 호수, 강, 지하수 등입니다.

육수는 소금물이 아닌 민물입니다. 그 중 5분의 4 정도는 빙하의 형태로 극지방에 존재하고 있으며, 5분의 1은 지표 아래로 흐르는 지하수입니다.

산악 빙하, 극지방의 대륙 빙하, 빙산 등의 여러 형태를 이루고 있는 빙하는 액체 상태의 물보다 밀도가 약간 낮아 물에 떠 있을 수 있습니다. 물 위에 드러나 있는 부분은 전체의 1/8~1/10일 뿐 물 속에 잠겨 있는 부분이 훨씬 많답니다.

여러분도 요즘 지구온난화로 인해 빙하가 녹아 내림으로써 해수면이 상승하여 심각한 문제가 야기되고 있다는 얘기 들어 보았죠?

수권은 기권(대기권), 암권(지각과 맨틀 위쪽을 말하며, 주로 암석으로 되어 있다), 생물권(생물이 사는 곳)에 물을 공급하고, 물의 순환을 통해 열에너지를 전달하는 역할을 합니다. 그리고 기권의 날씨 변화라든지 암권의 지표 변화에도 큰 영향을 미치고 있습니다.

여러분, 얼마 전 지구 내부에 커다란 바다가 존재한다는 연구 결과가 발표된 적이 있는데 혹시 들어 보셨나요? 어떻게 지구 표면이 아닌 지구 깊숙한 곳에 바다가 있을 수 있을까요. 과연 가능한 일일까요?

그렇다면 지구 내부에는 무엇이 있을까요? 과학의 발달로 그동안 밝혀지지 않은 여러 사실들이 밝혀지곤 하지만, 아직까지 지구 내부에 대해서만큼은 그 비밀을 밝히기가 쉽지 않나 봅니다. 지구 내부의 비밀을 알고자 하는 노력들이 계속 이어지지만 좀처럼 속을 보여 주지 않는 지구의 모습에 과학자들은 안타까워할 따름입니다.

첫째 날

둘째 날

셋째 날

넷째 날

다섯째 날

여섯째 날

일곱째 날

지구는 깊이 파고 들어갈수록 내부 온도가 올라가, 100m마다 약 3℃씩 증가합니다. 온도와 함께 압력 또한 증가하며 지구를 이루고 있는 물질의 밀도 역시 증가합니다. 그 때문에 직접 파고 들어가는 것이 매우 힘들지요.

지금까지 가장 깊게 파고 들어간 것이 고작 12km 정도라고 하니 지구 내부를 속 시원히 들여다보기는 아직은 힘들어 보입니다.

따라서 최근엔 직접 파고 들어가는 어려운 방법 대신 간접적인 방법으로 지구 내부를 조사하고 있습니다.

수박을 직접 갈라 보지 않고도 잘 익은 것을 골라내는 방법, 여러분도 알고 있나요? 잘 익었는지를 확인하기 위해 '통! 통!' 두들겨 보잖아요. 또 병원에 가면 의사선생님이 청진기를 배에 대고 몸상태를 진단하죠.

이처럼 지구 내부 연구에 가장 큰 도움이 되는 것이 바로 지진파(지진으로 발생하는 진동의 움직임. 지진파는 매질의 구성물질과 상태에 따라 반사, 굴절하거나 속도가 변하기도 한다. 이러한 성질을 이용해 지구 내부를 확인하는 것이다)입니다. 때로는 화산이 분출할 때 지구 내부에서 유출되어 나오는 물질들을 연구하기도 합니다.

그 결과 지구 내부의 층상 구조는 지각, 맨틀, 외핵, 내핵의 네 부분으로 이루어져 있다는 사실이 밝혀졌습니다.

지각은 사과의 껍질처럼 지구에서 차지하는 부분이 매우 적고, 지구의 대부분은 바로 지각의 아래에 있는 맨틀로 구성되어 있습니다.

지각
맨틀
외핵
내핵

지구 층상 구조

첫째 날

둘째 날

셋째 날

넷째 날

다섯째 날

여섯째 날

일곱째 날

지각과 맨틀의 경계면은 1909년 이를 발견한 모호로비치치 교수의 업적을 기리어 모호로비치치불연속면(모호면)으로 불립니다. 그는 두 층의 경계 부근에서 지진파의 속도가 급격히 빨라지는 것을 확인하고 그 위 지각과는 다른 물질이 존재함을 알게 되었다고 합니다. 지진파는 밀도가 더 높은 곳에서는 속도가 빨라진다는 이론에 근거한 것이지요.

맨틀은 지진파의 P파와 S파가 모두 전달되는 고체로 판단되며 지구의 약 80%를 차지하고 있는 아주 두꺼운 층입니다. 맨틀 아래에 핵이 있다는 사실은 지진파가 도달되지 않는 구역인 암

친절한 카리스마 --

지구 내부를 통과해 이동하는 지진파 중 실체파는 종파 부분인 P파와 횡파 부분인 S파로 나뉩니다. 즉 S파의 진행 방향과 P파가 통과하는 물체의 운동 방향은 직각이 됩니다.
그리고 P파는 고체나 액체를 모두 통과하는 반면 S파는 액체는 통과하지 못합니다.

33

영대의 존재를 설명하는 과정에서 밝혀지게 되었습니다.

핵의 바깥을 차지하는 외핵은 지구의 자기장은 이 외핵을 이루고 있는 액체 금속의 소용돌이에서 발생하는 것으로 여겨집니다.

지구 내부에 내핵이 있다는 사실을 최초로 발견한 사람은 덴마크의 여성 과학자 잉게 레만(1888~1993년)입니다. 이전까지는 지구 내부를 지각, 맨틀, 핵의 세 구조로 생각하고 있었습니다. 그러나 지구 중심부에 내핵이 있다는 그녀의 발표 후 그것이 입증됨으로써 핵은 액체로 이루어진 외핵과 고체로 이루어진 내핵으로 나뉘게 된 것입니다. 아울러 외핵과 내핵의 경계면은 그녀의 이름을 따 레만불연속면이라고 부릅니다.

그녀는 이후에도 지진학 분야에 많은 기여를 하고 105살의 나이로 세상을 떠났습니다. 지구과학계에 이런 멋진 여자 과학자가 있다니 같은 여자로서 존경심이 드는군요.

여러분, 혹시 영화 〈코어〉를 봤나요? 〈코어〉는 영화도 감상하고 과학 공부도 할 수 있어 일석이조의 효과를 볼 수 있는 영화지요.

〈코어〉는 지구의 핵이 회전을 멈추면서 각종 재난과 기상이변이 일어남으로써 이를 해결하기 위해 정예요원들이 지구 내부의 외핵으로 들어가려는 시도를 하는 내용입니다. 과연 이러한 일이 가능할까요? 높은 온도와 압력 때문에 도저히 불가능하다고 생각되지 않나요?

하지만 과학자들은 공상과학에서나 있을 법한 일들을 실제로 계획하고 있답니다. 다른 점이 있다면 지구 내부로 들어갈 주인공이 사람이 아니라 포도송이만 한 탐사장비라는 것이지요.

이 탐사장비는 지구 중심의 높은 온도와 압력을 견딜 수 있는 특수합금으로 만들 예정입니다. 핵폭탄의 거대한 폭발력으로 지각에 큰 균열을 만들어 뜨거운 액체 철과 함께 탐사장비를 지구 내부로 들여보낼 계획인 거죠.

이 계획이 성공하면 지구 내부의 연구에 많은 도움을 얻을 수 있겠죠?

첫째 날

둘째 날

셋째 날

넷째 날

다섯째 날

여섯째 날

일곱째 날

친절한 카리스마

Q : 쌤! 지구 내부의 연구에 운석이 어떻게 이용되는 건가요?

A : 운석은 태양계 내에 있는 천체의 일부라고 할 수 있어요. 태양계의 모든 천체들은 지구와 비슷한 시기에 생성되었을 것으로 추정하고 있습니다. 또한 천체들이 생성될 당시 무거운 금속 성분이 중심부의 핵을 이루었을 것으로 판단, 이와 유사한 금속 성분인 운석이 지구의 핵과 비슷한 성분이라고 추정하는 거죠. 그래서 운석을 연구함으로써 지구 내부의 성분 연구에 도움을 얻을 수 있는 것입니다.

지구의 운동

1

아침에 떠오르는 태양을 보며, 또 어둠이 내리면 나타나는 별과 달을 보며 신기하게 생각하는 사람은 없을 겁니다. 지구가 태양의 주위를 자전하고 공전함으로써 날이 밝거나 어두워지고 계절이 바뀐다는 것, 바로 자연스러운 시간의 흐름이지요. 여러분도 어른들이 "세월이 정말 빠르구나"라고 말씀하시는 것을 자주 듣곤 하죠?

여러분은 이렇게 시간이 흐르고 인간이 나이를 먹어 가는 일이 지구의 운동과 관계된다는 것을 느끼고 있나요? 지구는 아주 빠른 속도로 자전과 공전을 하고 있다지만 우리는 전혀 느낄 수 없는데 말이에요.

오늘날에는 지구가 운동한다는 사실을 의심하는 사람이 없지만, 이렇게 느낌이 없다 보니 옛날 사람들은 지구가 움직이고 있다는 사실을 쉽게 믿을 수가 없었을 거예요.

그렇다면 어떻게 지구가 돌아가고 있다는 것을 알아냈을까요? 이때 필요한 건? 그래요, 바로 증거죠. 지구가 자전하고 있다는 증거, 그 첫 번째가 바로 푸코의 진자입니다.

프랑스의 물리학자 푸코는 1851년 판테온 사원의 천장에 28kg짜리 철구를 약 67m 길이의 동철선에 매달아 진동시켰습니다. 그러자 진자의 진동면이 점차 시계방향으로 이동했습니다. 외부로부터 아무런 힘을 받지 않는 진자의 진동면이 변한다는 것은 지구가 시계 반대방향으로 회전하고 있음을 의미하는 것으로서 이를 통해 지구의 자전을 증명해낼 수 있었지요.

두 번째 증거는 전향력입니다. 가령 지구의 북극에서 남쪽을 향해 물체를 던졌다고 가정하기로 해요. 물체가 똑바로 날아가는 사이 지구가 자전에 의해 동쪽으로 움직였다면 북극에서 바라보는 물체는 약간 오른쪽으로 치우쳐 떨어지겠죠. 이를 지구 위에서 관찰한다면 물체가 마치 어떤 힘에 의해 휜 것처럼 보일 테고 말예요.

전향력은 결국 실제로는 아무것도 움직이지 않지만, 북반구에서는 항상 움직이는 물체의 오른쪽으로 작용하고 남반구에서는 운동방향의 왼쪽으로 작용하는 가상의 힘입니다. 매우 작은 힘이지만, 대기나 바다같이 규모가 큰 유체의 운동에서는 상당한 힘을 발휘하죠. 적도에서 발생한 태풍이 북쪽으로 이동하면서 오른쪽으로 휘는 현상이 바로 그 대표적인 예입니다.

북반구에서는 운동 방향의 오른쪽으로 휜다.

북반구

남반구

남반구에서는 운동 방향의 왼쪽으로 휜다.

전향력의 작용

첫째 날

둘째 날

셋째 날

넷째 날

다섯째 날

여섯째 날

일곱째 날

너무 어렵나요? 그럼 쉬운 예를 들어 볼게요.

혹시 화장실 변기의 물을 내렸을 때, 욕조나 배수구의 물이 빠져나갈 때 어떤 방향으로 돌면서 내려가는지 관찰해 본 일이 있나요? 이때 물이 시계방향으로 돌면서 빠져나가는(단, 북반구에서) 것도 전향력과 관련된 현상이라 할 수 있답니다.

지구 자전의 세 번째 증거는 인공위성 궤도의 변화입니다. 우리 눈에는 보이지 않지만 하늘에는 많은 인공위성들이 떠다니고 있습니다. 이 인공위성들은 일정한 궤도를 돌고 있는데도 궤도가 계속 서쪽으로 이동하고 있는 것처럼 보이죠. 이 또한 지구가 동쪽으로 자전하기 때문에 나타나는 현상이라 할 수 있지요.

이제 지구의 공전에 대해 얘기해 볼게요. 지구가 도는 건지 천구가 도는 건지에 대한 문제는 오랫동안의 논쟁거리였습니다. 오래 전 아리스토텔레스는 지구가 완벽한 우주의 중심이고 별들

친절한 카리스마 --

Q : 쌤! 지구는 얼마나 빨리 운동하고 있나요?

A : 지구는 하루에 한 바퀴씩 스스로 회전하는데, 그 회전 속도는 우리가 상상하는 것보다 훨씬 빨라서 적도지방을 기준으로 할 경우 시속 약 1,600km 정도입니다.
또한 천구상에서 자리를 이동해 태양의 둘레를 한 바퀴 도는 공전 속도는 자전 속도보다 약 7배 빠른 시속 10,458km 정도입니다. 이것을 초속으로 계산하면 1초당 30km 정도로, 소리의 빠르기보다 대략 9배나 빠르죠. 게다가 또 한 가지, 지구가 포함되어 있는 태양계는 우리 은하의 중심을 돌고 있는데, 이 속도는 무려 시속 1000만 km예요. 정말 상상을 초월하는 이 속도를 우리가 느끼지 못하는 게 얼마나 다행인지 모릅니다.

이 지구 주위를 원운동하고 있다고 주장한 바 있습니다. 이러한 생각은 프톨레마이오스의 천동설로 이어졌지요.

16세기가 되어서야 코페르니쿠스가 지구와 행성들이 태양의 둘레를 돈다고 주장했으며, 이러한 주장은 17세기에 갈릴레이로 이어지게 되는데 그는 결정적으로 자신의 의견을 뒷받침할 수 있는 멋진 '사건'을 일으킵니다. 바로 망원경의 발명이지요. 그는 자신이 발명한 망원경으로 아리스토텔레스와 프톨레마이오스의 지구중심설을 반박하고, 코페르니쿠스를 지지할 수 있는 관측 결과를 얻어냅니다. 이 결과들은 지구가 만물의 중심이 아니라는 것을 보여 주었습니다.

태양중심설(지동설)은 그 당시 아리스토텔레스나 프톨레마이오스의 생각을 가르치며 생계를 이어가던 천문학자, 철학자들의 입장과 반대되는 것이었기 때문에 그들은 갈릴레이에 대해 적의를 가지게 됩니다. 교회 지도자들 역시 우주에 대한 아리스토텔레스 추종자들의 생각을 받아들이고 있었고, 성경에서는 천동설

친절한 카리스마 -

갈릴레이, 지동설을 확신하다

17세기에, 갈릴레이는 자신이 발명한 망원경으로 관찰한 다음 결과들을 통해 아리스토텔레스와 프톨레마이오스를 반박하고, 코페르니쿠스를 지지했습니다.

첫째, 태양의 흑점의 발견으로 태양이 완전하지 않으며, 흑점의 움직임을 통해 태양이 회전하고 있음을 증명하였습니다.

둘째, 달처럼 차고 기우는 금성의 위상 변화를 관측함으로써 금성이 태양 주위를 공전하고 있음을 알아냈습니다.

셋째, 목성의 4개 위성이 지구가 아닌 목성 둘레를 돌고 있다는 사실을 밝혀 지구가 모든 것의 중심이 아님을 주장했던 것입니다.

첫째 날

둘째 날

셋째 날

넷째 날

다섯째 날

여섯째 날

일곱째 날

을 가르치고 있어 갈릴레이의 주장은 성경과도 모순된다고 생각했습니다.

상황이 이러다 보니 갈릴레이는 참으로 힘겨운 싸움을 하게 됩니다. 종교 재판소에서는 태양중심설을 주장하는 갈릴레이에게 사형을 선고합니다.

사실 이보다 앞선 1600년, 이탈리아의 수도사였던 브루노는 코페르니쿠스의 태양중심설을 지지했다가 수도원에서 추방당하고 결국 화형장의 이슬로 사라졌습니다. 진리를 부르짖다가 목숨마저 잃다니…… 브루노의 죽음이 너무 안타깝지 않나요?

겨우겨우 사형을 면하게 된 갈릴레이는 점차 시력을 잃어 갔고 가택 연금으로 이어지는 불행한 생활을 계속할 수밖에 없었습니다. 결국 죽은 뒤에도 장례는 물론 묘비 세우는 일조차 금지되었다고 합니다.

이렇게 어렵게 밝혀진 태양중심설은 지구는 행성의 하나로서 태양을 중심으로 그 주위를 회전한다는 이론입니다.

이 이론이 인정받기까지 일생을 바쳐 연구하고, 나아가 목숨까지 잃은 사람들 덕분에 우주의 진리를 알게 되었으니 그들에게 고마움을 전해야 할 것 같군요.

그렇다면 지구가 태양 주위를 공전함으로써 일어나는 현상에는 어떤 것들이 있을까요? 여러분은 어떤 계절을 좋아하나요? 쌤은 하얀 눈과 맛있는 군밤의 계절인 겨울이 좋아요. 게다가 크리스마스가 있어서 선물도 받을 수 있잖아요.

우리 나라에는 봄, 여름, 가을, 겨울의 4계절이 비교적 확실하게 나타나는데요, 바로 이 계절의 변화가 지구의 공전으로 인한 대표적인 현상이랍니다.

게다가 지구는 약간 기울어진 상태로 태양 주위를 돌고 있기 때문에 우리 나라와 같은 중위도의 나라들은 계절마다의 특징이 확실히 드러난답니다.

참으로 신비로운 현상이 아닌가요? 만일 지구가 똑바로 서서 공전했다면 이런 계절의 변화도 없었을 텐데 말이에요. 그럼 1년 내내 같은 계절만 지속되니 얼마나 재미없겠어요. 지구가 이처럼 살짝 삐딱하게 공전하고 있다는 게 너무 다행이에요. 그렇죠? 가끔은 이렇게 삐딱한 것들도 쓸모가 있다는 사실이 새롭네요.

또 지구의 공전으로 계절에 따른 별자리 위치가 달라지기도 해요. 이렇게 계절별 위치가 달라지는 것은 실제 별자리가 움직여서가 아니라 사실은 지구가 천구상에서 자리를 이동하기 때문이에요. 또 한 가지, 지구에서 어떤 별을 볼 때 시차가 나타나는 것도 지구 공전의 증거입니다.

첫째 날

둘째 날

셋째 날

넷째 날

다섯째 날

여섯째 날

일곱째 날

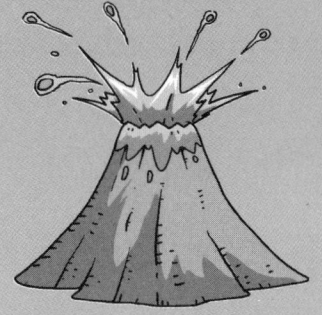

둘째 날 | 살아 숨쉬는
지각의 겉과 속

2

가이아(Gaia)란 고대 그리스 신화에 등장하는 대지의 여신을 일컫는 말입니다. 게(Gê)라고도 하며 만물의 어머니로서의 땅을 인격화한 신이지요.

이 세상이 최초로 생겨날 때 어떤 것이 가장 먼저 생겼을까요? 신화에 의하면 '무한한 공간'인 카오스가 가장 먼저 생기고, 뒤를 이어 '가슴이 넓은' 땅 가이아와 '영혼을 부드럽게 하는' 사랑 에로스가 생겨났다고 합니다.

우리가 살고 있는 이 지구, 가슴이 넓은 가이아를 닮은 지구, 그 중에서도 첫째 날에서 공부했던 지각을 기억하고 있겠죠? 지구의 구조를 살펴보면 지구의 가장 겉껍질을 이루고 있는 부분이 바로 지각입니다. 이 지각을 이루고 있는 물질에는 어떤 것이 있는지 둘러볼까요?

이럴 때는 야외수업이 '딱!'인데 말입니다. 눈앞에 멋진 풍경이 펼쳐져 있는 야외로 나왔다고 상상하면서 쌤과 함께 지각에 대한 공부를 시작해 보도록 하죠.

그러면 먼저 땅바닥을 한번 쳐다보세요. 무엇이 보이나요? 요즘은 지표면의 대부분이 아스팔트나 시멘트로 포장된 상태입니다. 따라서 지구 표면의 모습을 쉽게 보기는 어렵습니다.

하지만 산과 들로 나가 보면 금방 지구의 표면을 볼 수 있습니다. 지각을 구성하고 있는 것은 암석이며 암석을 구성하고 있는 것은 광물입니다.

광물은 지구의 암석과 우주의 모든 고체 물질을 이루고 있는 물체를 말한답니다. 이제까지 발견된 광물은 4,000개 이상이지만 지구 표면에서 흔히 볼 수 있는 암석을 이루는 주요 광물은 30여 종에 불과합니다.

고려 말 장수인 최영 장군이 평생 실천했던 '황금 보기를 돌같이 하라' 는 말을 들어 본 적이 있을 거예요. 실제 금은 광물이랍니다. 이렇듯 광물 중에서 귀하고 아름다운 종류들은 많은 사람들의 사랑을 받는 보석으로 쓰이게 된 것이랍니다.

초록색 돌의 왕으로 꼽히는 에메랄드는 이집트 여왕 클레오파트라가 가장 즐기던 보석이라는군요. 아름답게 빛나는 녹색 광채로 각광받고 있는 에메랄드는, 역사상 가장 오래된 몇몇 왕조들에 의해 왕권의 상징물들을 꾸민다거나 왕좌를 장식하는 데 사용되어 왔으며, 오늘날에도 부와 권력의 상징물로 여겨지죠. 세계 전역에서 에메랄드는 대개 다이아몬드보다도 값진 보석으로 간주됩니다.

고대 사람들은 에메랄드를 몹시 갖고 싶어 했는데 이는 미적으로도 아름다울 뿐 아니라 신비스런 치유력이 있어 숱한 병을 낮게 하는 것으로 알려졌기 때문이죠.

에게 해의 키프로스 섬 해안에는 대리석으로 만든 고대의 사자상이 세워져 있어요. 그 사자상 눈에는 에메랄드가 박혀 있었는데 광채가 너무 강한 나머지 바닷속까지 비춰 그 일대의 물고

첫째 날

둘째 날

셋째 날

넷째 날

다섯째 날

여섯째 날

일곱째 날

45

기들이 무서워 모두 도망가버리는 바람에 어부들이 일손을 놓고 말았다는군요. 그래서 결국 어쩔 수 없이 양쪽 눈에서 에메랄드를 빼내고 다른 돌로 대체했다고 합니다. 에메랄드의 광채가 어느 정도인지 충분히 짐작이 되죠?

이러한 보석 외에도 많은 광물들이 오래전부터 그 특성에 따라 분류되고 목적에 맞춰 사용되어 왔습니다.

이와 같은 광물들은 모여서 암석을 만들어냅니다. 지구의 암석층은 대부분이 흙이나 식물로 덮여 있지만 자연 상태 그대로 노출되어 있는 부분도 있습니다.

우리의 얼굴 생김새나 성격이 다양하듯이 지구의 암석들 역시 형태가 매우 다양하답니다. 암석의 종류에는 여러 가지가 있지만 암석이 형성된 과정은 세 가지로 요약할 수 있습니다. 화성암, 퇴적암, 변성암이 그것이지요. 지표에서 발견되는 어떤 암석이든 이 중 한 가지에 속한다는 얘기죠.

 화성암

먼저 화성암에 대해서 살펴볼까요? 화성암이 만들어지려면 먼저 마그마가 있어야 해요. 마그마는 지하 깊은 곳에 암석이 액체 상태로 녹아 있는 것이고, 이 마그마가 지각의 얇은 틈을 타고 분출되는 과정에서 굳으면서 화성암이 만들어지는 거죠.

우리나라에는 아름다운 명산들이 많습니다. 북한산, 월출산, 설악산, 속리산 등은 특히 기묘한 바위들로 가득한 산들이지요.

이 멋진 산을 이루고 있는 신기한 모양의 바위들이 바로 화강암입니다.

화강암은 지하에서 천천히 굳은 암석이라 여러 광물의 모양이 잘 드러나 있어 아름다운 무늬를 나타내는 암석이랍니다. 색은 다양하지만 대부분이 밝은 회색이고, 분홍색 또는 짙은 황색을 띠기도 합니다. 이것은 암석을 이루고 있는 광물들이 다양하기 때문인데 장석이나 석영, 흑운모가 주요 조암광물이라 할 수 있어요.

옆의 사진은 모두에게 친숙한 제주도의 돌하루방입니다. 이 돌하루방의 재료가 바로 대표적인 화성암인 현무암입니다. 검은색에 구멍이 숭숭 뚫려 있는 특이한 암석이지요. 현무암은 지하에 있던 마그마가 급격하게 분출되어 만들어진 암석으로, 화산지대에서나 볼 수 있답니다.

현무암의 구멍은 어떻게 생겨난 것일까요? 이것은 급격히 암석이 되는 과정에서 기체가 빠져나가면서 만들어진 것이랍니다. 구멍이 없는 현무암도 물론 있습니다.

현무암이 어두운 색을 띠는 것은 유색 조암광물인 각섬석이나 휘석의 비율이 좀더 높기 때문입니다. 제주도와 철원, 연천의 한

첫째 날

둘째 날

셋째 날

넷째 날

다섯째 날

여섯째 날

일곱째 날

탄강 유역, 울릉도, 하와이 등에 가면 이러한 현무암을 많이 볼 수 있답니다.

이제 화성암을 분류하여 정리해 볼까요?

화성암은 지하에서 천천히 식으면서 굳은 탓에 입자의 크기가 커 광물 결정이 잘 보이는 심성암과 지표에서 급격히 식으면서 굳어 입자 크기가 작기 때문에 광물 결정이 거의 보이지 않는 화산암으로 분류할 수 있습니다.

심성암

화산암

또한 화성암은 색깔에 따라서 유색광물(각섬석, 휘석, 감람석)이 많이 포함된 암석과 무색광물(석영, 장석)이 많이 포함된 암석으로 분류하기도 하지요.

화성암을 분류하여 표로 정리해 보면 다음과 같습니다.

색깔 결정 크기	어둡다 ←—————	—————→ 밝 다	
화산암(작은 결정)	현무암	안산암	유문암
심성암(큰 결정)	반려암	섬록암	화강암

암석의 이름을 외우는 것이 좀 힘들겠죠? 하지만 걱정할 것

없어요. 친구를 새로 사귀었을 때는 이름을 외워야 하지만 익숙해지면 자연스럽게 부를 수 있는 것처럼 주변의 돌들을 바라보며 어떤 암석인지 짚어 나가다 보면 곧 익숙해지게 된답니다.

퇴적암

암석의 두 번째 부류인 퇴적암에 대해 살펴보기로 해요. 퇴적암을 공부하기 전에 우리 노래 한 곡 부르고 시작할까요?

바윗돌 깨뜨려 돌덩이/ 돌덩이 깨뜨려 돌멩이/
돌멩이 깨뜨려 자갈돌/ 자갈돌 깨뜨려 모래알/
랄라 랄라라 랄랄라/ 랄라 랄라라 랄라라

와! 노래를 부르고 나니까 이제 신나게 공부할 수 있지 않을까요?

위 노래에서처럼 암석이 부서져 토양이 되는 풍화과정에 의해서 생성된 자갈, 모래, 점토와 같은 암석의 쇄설물(부스러기로 이루어진 물질)과 생물의 유해가 육지나 바다에 퇴적되어 만들어진 암석이 바로 퇴적암입니다. 지구 표면의 약 75%를 차지하므로 우리가 보는 많은 암석이 퇴적암이라 할 수 있겠네요.

퇴적암의 가장 대표적인 특징은 층리입니다. 퇴적암을 이루는 광물의 조

층리

첫째 날

둘째 날

셋째 날

넷째 날

다섯째 날

여섯째 날

일곱째 날

49

성이나 입자에 따라 만들어지는 층 모양의 배열을 말하지요.

수만 년 동안 파도와 바람을 맞아 신비한 절경을 만들어낸 전라북도 부안에 있는 채석강은 퇴적암 절벽입니다. 채석강은 마치 수천, 수만 권의 낡은 책을 차곡차곡 쌓아둔 모습을 연상시키죠.

그런데 이 지층이 한층한층 쌓여갈 당시 지구에는 어떤 일들이 있었을까요? 퇴적암은 오랜 세월의 정보를 간직하고 있기 때문에 지구의 역사를 알아내는 데도 매우 유용하답니다. 특히 퇴적암 내에서 산출되는 화석은 지구역사 연구에 매우 중요한 정보를 제공해 줍니다.

퇴적암은 또한 경제적으로도 매우 중요한 가치를 지니고 있지요. 대부분의 석유나 석탄은 과거에 살던 플랑크톤이나 식물 유해의 오랜 퇴적활동으로 인해 생긴 것으로, 지구의 자원문제에도 크게 기여하고 있죠.

역암　　　　　석탄　　　　　세일

암염　　　　　석회암　　　　　사암

변성암

이 세상에서 변하지 않는 것에는 무엇이 있을까요? 여러분의 대답이 기대되는걸요. 우정? 사랑? 물론 여러 가지가 있겠지요. 하지만 대부분의 물질들은 정도나 빠르기의 차이가 있을 뿐 세월의 흐름과 함께 변해 가게 마련입니다.

암석도 예외가 아니어서 본래 자신이 어떤 암석으로 탄생했든 다른

미켈란젤로의 피에타
피에타란 '자비를 베푸소서' 라는 뜻으로 성모마리아가 죽은 그리스도를 안고 있는 모습을 표현한 그림이나 조각상을 말한다.

암석으로 변하기도 한답니다. 이렇게 열이나 압력에 의해 변화를 일으켜 만들어지는 암석이 변성암입니다.

세계적으로 유명한 아름다운 구조물은 대부분이 대리석으로 만들어졌습니다. 미켈란젤로의 피에타, 피사의 사탑, 제1회 올림픽이 열렸던 아테네의 파나티나이코 경기장은 전체를 대리석만으로 만들었다고 해요. 그런데 왜 아름다움과 웅장함의 상징

친절한 카리스마

운평리 구상화강암을 찾아서

구상암은 공처럼 둥근 암석으로 특수한 환경 조건에서 형성되며, 대부분 화강암 속에서 발견됩니다. 운평리 구상화강암은 2억 3천만 년 전 한반도의 지각이 변동될 때 지구 안의 마그마가 땅 밖으로 솟아 오르면서 만들어진 것으로 알려지고 있지요. 이러한 종류의 암석은 세계적으로 100여 곳에서만 발견되고 있습니다. 운평리 구상화강암은 특히 지질학적으로 매우 희귀하고 특이해서 천연기념물로 지정·보호하고 있습니다.

첫째 날

둘째 날

셋째 날

넷째 날

다섯째 날

여섯째 날

일곱째 날

인 건물에는 한결같이 대리석을 사용한 것일까요?

바로 그 비밀은 대리석이 변성암이라는 사실에 있습니다. 대리석의 원암(변화되기 전의 원조 암석)은 석회암입니다. 이 석회암이 지하 깊은 곳에서 열과 압력을 받아 변성되는 과정에서 더욱 단단해지고 기존에 없던 다양한 색깔로 변하게 된 것이지요. 원암 자체는 별로 아름답지 않지만 열과 압력을 받아 변성됨으로써 그야말로 히트를 친 셈입니다.

이렇게 암석의 변성과정에서 광물들이 살짝 녹았다가 다시 굳는 작용을 통해 기존의 광물들이 더욱 커지거나 새로운 무늬나 색깔을 띠는 변화를 재결정 작용이라고 합니다.

특히 압력을 받는 과정에서 광물이 압력 방향의 수직인 일정한 방향으로 배열되는 편리나 편마 구조를 띠는 것도 변성암의 특징이라고 할 수 있어요. 이러한 편리나 편마 구조의 검고 흰 줄무늬 때문에 아름다운 정원석으로 많이 사용되죠. 대리석이나 편마암 같은 변성암은 이래저래 쓸모가 참 많은 암석이죠?

대리석

편마암

규암

첫째 날

둘째 날

셋째 날

넷째 날

다섯째 날

여섯째 날

일곱째 날

'즉시 엎드려 몸을 안전하게 보호한다. 전열기구 및 가스레인지 등을 확실하게 꺼야 한다.'

뜬금없이 이게 무슨 이야기일까요?

네, 바로 지진이 발생했을 때의 대피 요령이랍니다. 우리나라에도 얼마 전에 꽤 큰 지진이 발생해서 사람들을 놀라게 한 적이 있는데, 그때 여러분은 어떻게 행동했나요? 위의 요령대로 대피했는지 모르겠네요.

'지진' 하면 사실은 일본부터 떠오르죠? 우리나라보다는 지진의 위험이 훨씬 큰 나라잖아요.

그리스 사람들은 지진을 '신의 조화'라고 생각했다고 해요. 바다의 신이자 '대지를 흔드는 자'인 포세이돈이 화가 나면 세 갈래로 갈라진 삼지창을 흔들어 바다에 해일을 일으키고, 어깨에 짊어지고 있던 지구가 무거우면 다른 쪽 어깨로 바꾸어 메면서 지진이 발생하는 것으로 받아들였대요.

한편 하와이 원주민들은 불의 여신이 화산에 살면서 발을 구를 때 지진이 일어난다고 믿었지요.

아리스토텔레스는 지진이란 신과 관계없이 땅속에 있던 공기가 빠져나올 때 생기는 자연의 이치라고 주장해 사람들에게 많은 주목을 받았죠. 그러나 이런 믿음들은 그야말로 옛날 이야기

53

일 뿐, 지진은 하나의 자연현상에 지나지 않습니다.

사전에 나온 지진의 정의를 보면 '지구적인 힘에 의하여 땅속의 거대한 암반이 갑자기 갈라지면서 그 충격으로 땅이 흔들리는 현상'이라고 되어 있어요. 즉 지진은 지구 내부에 쌓인 에너지가 순간적으로 방출되면서 그 에너지의 일부가 지진파의 형태로 전달되는 자연현상이라 할 수 있죠.

나뭇가지의 양끝을 잡고 살짝 구부리면 가지가 휘지만, 계속 힘을 주면 결국 부러지면서 끝부분이 떨리는 걸 관찰해 본 적이 있나요? 이와 같이 지구 내부에서도 버틸 수 없을 만큼의 힘이 쌓이면 지층이 끊어지는 단층이 발생하고, 원래의 모습으로 돌아가려는 반발력에 의해 지진이 발생하는 거예요.

좀전에 지진 하면 일본이 떠오른다고 했는데 그렇다면 우리나라는 지진으로부터 안전한 지대인지 궁금해지죠? 그러나 유감스럽게도 1978년 10월 충청남도 홍성에서 처음 지진이 발생한 이후 지진의 발생 횟수가 점차 증가하고 있다는군요.

여러분 중에 지진을 직접 경험해 본 사람이 있나요? 지진이 일면 어떤 일이 벌어질까요? 일단 큰 지진이 발생하면 땅이 흔들리면서 건물이 무너져요. 이 과정에서 전기나 수도 시설에 이상이 생기고 화재가 발생하기도 합니다. 또한 제방이 무너져 물난리나 산사태가 일어나며 도로는 물론 철도까지 끊어져 교통에도 문제가 생기게 됩니다.

그렇다면 지진은 어떤 곳에서 발생하는 걸까요? 세계적으로 지진으로부터 완벽하게 안전한 곳은 거의 없지만 지진이 자주 발생하는 지역은 정해져 있답니다. 이러한 곳을 지진대라고 하는데, 그 중에서도 환태평양 지진대와 알프스 지진대가 가장 대표적이죠.

환태평양 지진대는 아메리카 서부, 알래스카, 일본, 필리핀을 지나 뉴질랜드를 잇는 고리 모양의 지진대로서 전세계 지진의 80% 정도가 이곳에서 발생하고 있어요. 알프스 지진대는 알프스와 히말라야 산맥, 인도네시아를 지나가는 지진대로, 전세계 지진의 15%가 일어나죠. 우리나라가 이러한 지진대에 속해 있지 않다는 사실은 다행이지만 최근 지진 횟수가 늘어나고 있어 조금은 걱정이 되네요.

첫째 날

둘째 날

셋째 날

넷째 날

다섯째 날

여섯째 날

일곱째 날

친절한 카리스마

진원과 진앙

지진이 일어나는 원인인 지진파가 최초로 발생한 곳을 진원, 진원의 바로 위 지표면을 진앙이라고 합니다. 진앙은 진원에서 가장 가까운 지표이기 때문에 가장 큰 피해를 입는 곳이죠. 우리나라에도 우리가 느끼지 못할 뿐 작은 규모의 지진이 일 년에 10회 이상 기록된다고 합니다.

　여러분 중에 불의 신의 이름인 'volcan'에서 유래된 화산에 대한 영화 〈볼케이노〉를 본 사람이 있는지 모르겠네요.

　이 영화에서는 미국의 로스앤젤레스 시 전체가 화산에서 분출된 용암으로 일대 혼란의 위기와 큰 재앙의 위험에 놓이는 상황이 연출됩니다. 화산 폭발로 번화한 도시의 중심가로 용암이 흘러내리고 화산재가 도시를 뒤덮는 장면이 긴박감 넘치게 펼쳐지지요.

　또 서기 79년 이탈리아의 베수비우스 화산 폭발을 다룬 〈대폭발〉이라는 영화에서도 용암과 화산재로 인한 참혹한 장면들이 등장합니다. 영화이기는 해도 그 광경이 너무나 인상적이라 오랫동안 잊혀지지 않네요.

　우리나라에도 화산지형이 있는데 혹시 이러한 일들이 실제로 일어나지 않을까 걱정하는 사람은 없나요? 하지만 걱정할 것 없어요. 우리나라에는 현재 활동중인 화산이 없어 영화와 같은 일이 일어날 가능성이 적거든요.

　화산은 지하에 있는 마그마의 압력이 높아지면서 지각의 약한 부분을 뚫고 올라와 구멍이나 틈으로 마그마나 화산가스, 화산재 등이 분출되어 만들어진 산을 말합니다.

　분출된 물질은 분출되는 구멍, 즉 화구 주위에 모이므로 자연히 화산을 둘러싼 산체가 형성되는데 이 화산체와 화산을 합하여 넓은 의미의 화산이라고 부릅니다.

　우리나라의 화산활동은 중생대 백악기(1억 3,500만 년 전~6,500만 년 전)에 가장 활발하게 일어났죠. 현재 뚜렷한 화산 형태를 갖추고 있는 것은 신생대(약 6,500만 년 전~현재) 때의 화산활동 결과로 생긴 백두산, 울릉도, 제주도지만 현재는 분화하고 있지 않습니다.

　조선시대의 지리책이라 할 수 있는 『신증동국여지승람』에는 우리나라에서도 분화가 일어났다고 기록되어 있습니다. 고려시대 때인 1002년에 한 번, 그리고 1007년에 또 한 번의 분화가 제주도에서 일어났다고 하는군요.

　당시 제주도 사람들은 얼마나 놀랐을까요? 오늘날에는 그런 일이 있어나기 전에 그 징후를 알아내 미리 대처할 수 있겠지만 그 당시에는 어떠했는지 궁금하네요.

　한편 가장 오래 전에 일어난 분화는 BC 693년에 이탈리아 시칠리아 섬에 있는 에트나 산에서 일어난 화살활동이라고 하네요. 이곳은 세계적으로 가장 대표적인 활화산으로 최근까지도 화산이 폭발하는데, 놀랍게도 1970년대부터는 대략 10년에 한 번씩 분화한다는군요. 그 때문에 국제화산연구소가 세워지는 등 화산 연구의 중심지가 되고 있지요.

　그리고 가장 최근에 발견된 화산은 아이슬란드 남쪽의 쉬르트세이 섬입니다. 지난 1963년부터 1965년까지 해저분화가 일어나 만들어진 섬이지요. 쉬르트세이 섬이 '검은 섬'을 뜻한다니, 이름에서도 화산섬이라는 것을 쉽게 알 수 있네요. 이 화산은 화

산섬이 탄생하는 과정이 낱낱이 정밀조사됐다는 점에서 세계적
으로 유명하답니다.

화산은 활동 여부에 따라서 사화산, 휴화산, 활화산으로 분류
할 수 있어요.

활화산
현재 활동하고 있는 화산.
예) 하와이의 킬라우에아 화산, 일본의 아소 산

휴화산
과거에 활동했다는 기록이 남아 있으나 현재는 활동
하고 있지 않는 화산으로 앞으로 폭발의 가능성을 가
지고 있는 화산.
예) 한라산

사화산
현재 활동하지도 않고 앞으로 분화도 하지 않을 것으
로 예상되는 화산.
예) 백두산, 울릉도

또한 화산 모양에 따라서도 분류할 수 있는데 순상화산, 성층
화산, 종상화산으로 나뉘지요.

순상화산
순상 화산은 점성이 작은 용암으로 이루어져 용암이
비교적 조용히 분출되어 경사가 완만한 모양의 산체
가 만들어진다.
예) 제주도와 하와이 섬의 화산체

종상화산
점성이 큰 용암이 지표로 밀려 나와 만들어진 화산.
용암이 멀리 흐르지 못한 채 바로 굳어 흔히 급경사인
종 모양의 화산체가 생긴다.
예) 제주도의 산방산

성층화산
분출시간이 긴 안산암질의 거대한 화산들은 용암과 화산쇄설물을 교대로 분출시킨다. 점성이 큰 용암과 화산쇄설물이 번갈아 쌓인 급경사의 화산이다.
예) 필리핀의 마욘 화산, 일본의 후지 산

첫째 날

둘째 날

셋째 날

넷째 날

다섯째 날

여섯째 날

일곱째 날

이번에는 화산의 발생지역에 대해서 알아볼까요? 화산 역시 지진의 경우처럼 자주 발생하는 지역이 정해져 있답니다. 물론 이것도 100% 확신할 수 있는 것은 아닙니다. 세상엔 항상 예외라는 게 있으니까요.

그렇지만 지금까지 화산이 발생한 곳들의 위치를 확인해 보면 어떤 곳들이 위험지대인지 느낌이 올 겁니다.

자, 그림을 확인해 보도록 하지요.

그림을 보면서 혹시 지진대와 화산대의 공통점을 찾아냈나요? 네, 직접 확인한 대로 화산이 자주 발생하는 지역은 지진 또한 자주 발생한다는 것을 알 수 있어요. 실제로 지구에서 화산이나 지진과 같은 지각변동이 자주 발생하는 곳은 큰 차이가 없답니다. 즉 지각이 매우 불안정하다 보니 지각활동이 활발하게 일어나는 것이죠. 지진이 자주 발생하는 곳을 지진대, 화산이 자주 발생하는 곳을 화산대라 부릅니다.

친절한 카리스마

1000℃가 넘는 뜨거운 용암을 분출하고 많은 가스와 화산재를 내뿜으면서 격렬한 폭발을 일으키는 화산활동과 같은 자연현상은 옛날 사람들에게는 정말 놀라운 사건이었습니다.

이탈리아나 하와이 섬에서는 화산 폭발을, 신들이 노여워하거나 신경질을 부려 대지를 쪼개고 불을 내뿜는다는 신화나 전설로서 믿고 있었죠.

피타고라스는 화산을 보고 땅의 중심에는 불이 있다고 생각하였고, 아리스토텔레스는 불을 뿜는 가스의 역할에 주목, 지구 내부의 빈 공간이 열에 데워져 공기가 힘 있게 지각을 파괴하고 화산재나 암석을 방출하는 것으로 생각하였다고 합니다.

옛날 사람들의 화산에 대한 해석이 무척 다양하죠?

변화하는 지각

첫째 날

둘째 날

셋째 날

넷째 날

다섯째 날

여섯째 날

일곱째 날

지진이나 화산이 특정 지역에서 빈번하게 발생하기 때문에 지구에는 지진대나 화산대가 존재한다고 했어요. 그렇다면 왜 이런 지역이 생긴 걸까요?

그것을 알아보기 위해 이번에는 살아 움직이는 지각에 대해 이야기하도록 해요.

결론부터 얘기하면 그 비밀은 바로 판에 있습니다. 무슨 판이냐구요? 쉽게 얘기하면 지구의 표면을 둘러싸고 있는 퍼즐 조각과 같은 것을 말합니다. 지각을 포함하여 맨틀의 윗부분을 이루는 단단한 부분을 가리키죠. 지구 표면은 7개의 큰 판과 12개의 작은 판이 있는데요, 이것들은 아주 느린 속도로 움직이고 있습니다. 마치 우리 손톱이 자라는 것처럼 느낄 수는 없지만 분명히 일어나고 있는 움직임이라는 것이지요. 물론 지금도 그 움직임은 계속되고 있어요.

지진과 화산은 바로 이 판과 판의 경계에서 자주 발생하곤 합니다. 느낄 수는 없지만 판들이 계속 움직인다고 얘기했죠? 이렇게 판이 움직이면서 다른 판과 충돌하거나 그 판 밑으로 침하하면서 지진이나 화산활동이 일어나는 것이죠.

약 8,000만 년 전부터 현재까지 계속 북쪽으로 움직이는 인도판은 1년에 약 5cm씩 유라시아판 방향으로 북상하고 있습니다.

인도판의 북상

　히말라야 산맥과 티베트 고원은 북쪽으로 움직이는 인도판이 유라시아판과 충돌하여 생겨난 대표적인 지형이죠.

　일찌감치 이러한 대륙의 움직임을 알아차린 과학자가 있었지요. 그는 베게너라는 과학자입니다. 남아메리카 대륙의 동해안선과 아프리카 대륙의 서해안선이 매우 비슷하다는 사실을 깨달은 것이 바로 '대륙이동설'을 착상한 계기였지요.

　그러다가 전 세계 대륙은 원래 판게아(Pangaea)라는 초대륙으로 한 덩어리를 이루고 있었으나, 지금으로부터 3억 년 전쯤 분열하기 시작해 지금과 같은 5대양 6대주가 됐다는 내용의 논문을 발표했습니다.

　그러나 지질학이 아닌 기상학을 전공했던 베게너의 이러한 주장은 안타깝게도 사람들에게 비웃음을 사게 됩니다. 또한 결정적으로 베게너는 대륙이 이동할 수 있는 원동력이 무엇인지를 설명하지 못해 이 이론은 사람들에게 점점 잊혀졌죠.

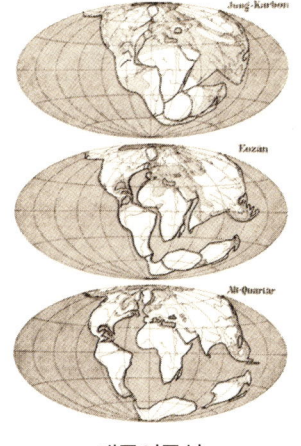

대륙이동설

결국 그는 대륙이동설을 증명하지 못한 채 1930년 11월 자신의 50회 생일날 아침에 그린란드로 탐사를 떠났다가 얼음 속에서 주검으로 발견된답니다.

자신의 이론이 사람들에게 인정받는 걸 보지도 못하고 세상을 떠난 베게너가 참 안타깝다는 생각이 드네요.

그 이후 대륙을 이동시키는 원동력이 맨틀의 대류라는 사실이 밝혀지면서 드디어 베게너의 대륙이동설이 인정받게 됩니다. 이때 베게너의 이론에 힘을 실어 준 이론이 바로 판구조론입니다. 지구 내부에서 작용하는 힘으로 인해 각각의 판들이 서로 움직이고, 이에 따라 화산활동이나 지진활동, 습곡산맥이 만들어지는 등의 여러 지각변동을 일으킨다는 이론이지요.

이러한 판의 운동으로 최초의 대륙 판게아가 계속 갈라지고 이동하여 현재 대륙의 모습을 갖추게 되었다는 사실, 이제 이해가 되죠?

우리나라 역시 현재는 대략 북위 38°에 위치해 있지만 지금부터 약 5억 년 전에는 적도 부근의 저위도에 있었답니다.

그 증거로 강원도 태백시는 고도가 상당히 높은 지방임에도

첫째 날

둘째 날

셋째 날

넷째 날

다섯째 날

여섯째 날

일곱째 날

고생대의 따뜻한 바다에서 살던 삼엽충 화석이 많이 발견되고 있어요. 현재 우리나라는 삼엽충이 살기에는 수온이 낮습니다. 태백 외에도 강원도와 충청도 일부 지역에서 발견되는 삼엽충의 화석, 어떻게 해석해야 할까요?

결국 삼엽충이 살았을 당시에 강원도와 충청도 지역은 저위도 부근의 따뜻한 바다였다는 거죠. 그러다가 판의 이동과 함께 지금 이 위치에 와 있게 되었다는 해석이 가능하지요.

어떻게 그런 일이 있을 수 있나 하고 의아해할 수 있겠지만 하나였던 대륙이 갈라질 정도라면 충분히 가능한 일이랍니다.

앞으로도 지구 내부는 계속 살아 움직일 것이고 그로 인해 지구 표면의 모습은 계속 변화해 갈 것입니다.

⬆️ 지식 업그레이드

베게너가 주장한 대륙이동의 증거들

첫째, 지형학적 증거로서 아프리카의 서해안과 남아메리카의 동해안은 해안 선뿐 아니라, 바닷속 대륙붕의 모양까지 일치한다.

둘째, 지질학적인 증거로서 멀리 떨어진 대륙에서 같은 지층 구조가 발견되는 경우다. 즉 아프리카와 남아메리카에서 같은 중생대 퇴적층이 발견되는 점, 그리고 북아메리카의 애팔래치아 산맥과 바다 건너 영국 스코틀랜드의 칼레도니아 산맥의 지층구조가 연결된다는 점이 그 증거이다.

셋째, 기후학적 증거로서 현재 온대 혹은 열대 지방에서 과거 빙하나 빙퇴석의 흔적이 발견된다는 사실이다. 이는 당시에는 극지방에 있었던 대륙이 움직였다는 증거가 된다.

넷째, 화석적 증거이다. 멀리 떨어진 지역에서 글로소프테리스라는 식물화석이나 메소사우르스의 같은 화석들이 발견되는 경우가 종종 있는데, 이는 땅이 움직였기 때문이라고 설명할 수 있다.

셋째 날 | 날씨를 만드는 공기의 힘

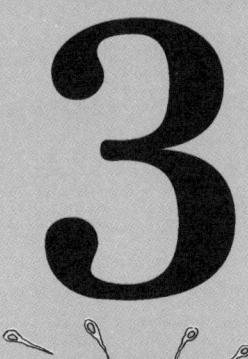

3

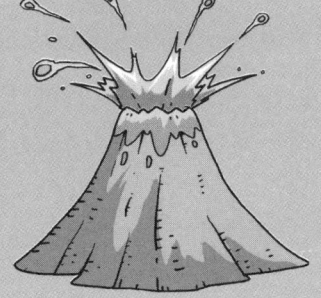

공기의 힘

아침, 잠에서 깨어 모두들 하루를 시작할 준비를 합니다.

자, 집을 나서기 전입니다. 뭐 잊어버린 것은 없는지 확인해 볼까요? 저런! 우산을 준비하지 않았군요. 오늘 오후에는 비가 내린다고 했는데…….

아침 뉴스에 빠지지 않는 내용, 바로 날씨 예보입니다.

우리 일상생활에 많은 영향을 미치는 날씨. 날씨를 공부하려면 먼저 알아야 할 것이 공기입니다. 첫째 날 배웠던 지구의 대기층에 대해 기억하고 있죠? 지구는 지표면에서 약 1,000km 높이까지 공기층이 존재한다고 얘기했죠? 이 공기층이 지표면을 누르는 힘을 가지는데, 이것이 바로 기압입니다.

그 힘은 얼마나 될 것 같아요? 새털처럼 가벼운 공기니까 그 공기가 누르는 힘은 그리 크지 않을 것 같다고요? 천만의 말씀! 우리가 느끼지 못해서 그렇지 공기가 누르는 힘은 상당히 큽니다. 눈으로 볼 수도 손으로 잡을 수도 없는 공기의 힘은 불과 1cm²밖에 되지 않는 면적에 1kg의 질량을 가진 물체가 누르는 힘보다도 크답니다.

공기의 힘이 느껴지지 않는다고요? 자! 그럼 쌤이 기압의 힘을 증명하는 간단한 실험을 소개해 볼게요.

우리가 즐겨 마시는 팩에 들어 있는 우유예요. 빨대를 꽂아 마시고 나면 우유팩이 안으로 오므라들죠? 이것도 기압이 있기 때

문에 일어나는 현상이에요. 사
방에서 작용하는 기압으로 우
유팩 가운데 부분이 오그라들
게 되는 거죠.

기압

기압

기압

기압

대기압의 증거

이런 기압의 크기를 직접 실
험을 통해 확인해준 사람은 바
로 이탈리아의 '토리첼리'입니
다. 그는 수은을 이용해서 기압
의 크기를 구해냈답니다.

수은을 가득 채운 유리관을 손으로 막아 수은이 담긴 수조에
거꾸로 세워 놓으면 수은은 76cm의 높이에서 멈춘다. 이렇게
수은 기둥을 유지할 수 있는 것은 바로 수은 면을 누르고 있는
대기의 힘, 즉 기압 때문인데 이것을 계산하여 1기압이라 정의
합니다.

$$1기압 = \frac{76cm \times 수은기둥의 \ 무게}{수은기둥의 \ 밑면적}$$

$$= 1.013hpa$$

손바닥의 면적을 50cm²라 할 때 손바닥을 누르는 공기의 힘
은 약 50kg이 되는 셈이며, 우리의 몸 위쪽에서는 약 300kg의
힘이 작용하고 있는 셈입니다.

첫째 날

둘째 날

셋째 날

넷째 날

다섯째 날

여섯째 날

일곱째 날

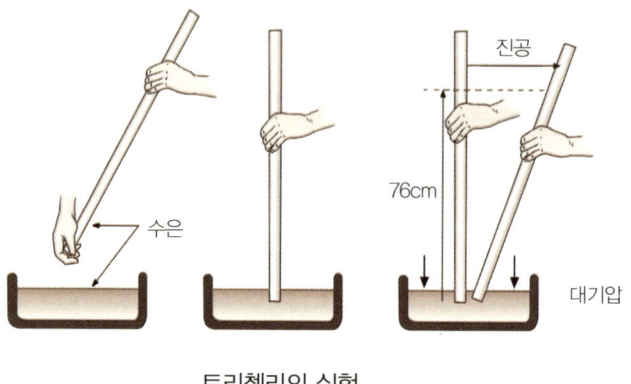

토리첼리의 실험

　면적이 대략 50cm²라고 한 것은 손바닥 크기를 가로와 세로 각각 7cm 정도로 가정한 것입니다. 7×7=49인 것을 대략 50으로 본 것이지요. 사람마다 손바닥 크기가 다르겠지만 쌤 손바닥이 그 정도이거든요.

　내 손바닥 위에 몸무게가 50kg인 사람을 올려놓았다고 생각해 보세요. 받치고 있지도 못하겠죠? 자, 그럼 손바닥을 펴서 공기가 누르는 힘을 느껴 보세요. 전혀 느껴지지 않는다고요?

　왜 그럴까요? 왜 우리는 공기가 누르는 힘을 느끼지 못하는 것일까요? 이것은 손바닥 밑의 공기가 위쪽으로 손바닥을 떠받치고 있고, 우리 몸속에서도 공기가 누르는 힘과 같은 크기의 힘이 바깥쪽으로 작용해 서로 평형을 이루고 있기 때문이랍니다.

　이러한 지구 대기가 누르는 힘인 기압은 지표면에서 위로 올라갈수록 점차 작아지는데, 이것은 공기가 위로 올라갈수록 적어지기 때문이죠. 다시 말해서 높은 곳이 낮은 곳보다 공기의 압력을 적게 받음으로써 기압의 크기는 급격히 작아지죠. 지표면에서 약 12km 부근의 기압은 지표면보다 약 1/5 정도이며, 30km 부근에서는 지표의 약 1/1,000로 감소합니다.

이렇게 높이 올라갈수록 기압은 점점 작아져 결국 0이 되어버리는데, 만약 이러한 조건에 사람이 있게 되면 어떻게 될까요?

사람은 너무 위험하니까 풍선을 예로 들어 보죠. 풍선을 공중에 띄우면 풍선은 하늘 높이 올라갈 거예요. 하지만 높이 올라갈수록 주위의 압력이 점점 작아지기 때문에 부풀어오르다가 결국에는 풍선 내부의 압력이 외부의 압력보다 훨씬 커지게 되겠죠. 그러면 '펑' 터져버리는 거죠.

그래서 높은 산을 등반하는 산악인들은 바로 이러한 기압의 변화에도 견딜 수 있는 신체적·정신적 훈련이 필요하답니다. 높은 곳에 올라가면 공기가 희박해져 호흡에 절대적으로 필요한 산소가 부족해지니까요. 그래서 에베레스트 같은 높은 산을 등반하는 일은 산소와의 싸움이라고도 할 수 있어요.

1875년에는 3명의 프랑스 인이 기구를 타고 고도 8,700m까지 곧바로 날아올랐다가 즉사한 일도 있었다고 해요. 쩜같이 고소공포증이 있는 사람은 그런 기구를 타는 일은 상상도 못 해요.

여러분도 높은 곳에 올라갔을 때 기압의 변화로 인해 귀가 멍해지는 현상을 겪어 보셨죠? 그래서 크게 하품을 하거나 침을 꿀꺽 삼켜 보기도 했을 거예요.

이러한 기압의 변화는 특히 비행기를 타고 가다가 하강하는 과정에서 흔히 느낄 수 있어요. 비행기가 하강할 때 통증을 호소

첫째 날

둘째 날

셋째 날

넷째 날

다섯째 날

여섯째 날

일곱째 날

하는 사람들이 많은 건 바로 이 때문이죠. 갑작스런 기압의 변화로 인한 신체 압력에 차이가 생기기 때문이랍니다.

이렇듯 우리가 평소 일상생활 중에 크게 느끼지는 못해도 대기압은 우리 생활에 매우 중요한 요소로 작용하고 있답니다.

친절한 카리스마 --------------------------------

Q : 비행기나 엘리베이터를 타고 갑자기 상승하거나 하강할 때 귀가 먹먹하거나 아파오는데 왜 그럴까요?

A : 이 현상은 귓속의 고막이 기압 차이에 의해 손상되는 것을 막으려는 신체의 자연적 반응입니다. 고막은 외이와 중이의 경계에 위치해 있어 외부의 기압 변화로 외이와 중이의 기압이 달라지면 형태가 비틀어지죠. 이런 급격한 형태 변화와 관련된 고막의 진동 때문에 귀가 먹먹하다고 느끼는 것이고요. 이때는 하품을 하거나 침을 삼키면 이 관의 개폐를 촉진시켜 도움이 됩니다. 또 껌을 씹으면 이 관을 쉽게 열어 귀가 먹먹해지는 현상을 좀 더 완화시켜 주죠.

여러 가지 바람

첫째 날

둘째 날

셋째 날

넷째 날

다섯째 날

여섯째 날

일곱째 날

　우리 지구에 존재하는 대기, 즉 공기는 항상 움직이고 있습니다. 이러한 공기의 움직임을 바람이라고 부르지요. 이번에는 어떻게 바람이 불게 되는지에 대해 알아보기로 해요.

　바람이 불기 위해서는 먼저 공기가 있어야 해요. 달이나 수성처럼 공기가 존재하지 않는 행성에서는 절대 바람이 불지 않아요. 물론 공기가 존재한다고 해서 무조건 바람이 부는 것은 아닙니다.

　아래 그림을 한번 살펴보세요. 2개의 유리관에 든 물의 양이 다르죠? 가운데 있는 코크를 열면 어떻게 될까요? 물이 많은 쪽에서 적은 유리관 쪽으로 이동하게 되겠죠. 이것은 물의 압력 차이 때문이에요.

　공기 역시 물과 마찬가지랍니다. 물이 아래로 누르는 힘을 수압

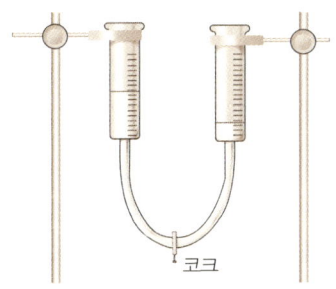

코크

물과 고무호스의 실험

71

이라 하는데, 이 수압의 차이로 물이 이동하는 것처럼 공기가 이동하기 위해서는 (바람이 불기 위해서는) 기압의 차이가 있어야 하는 거예요.

기압에 차이가 있어 고기압과 저기압이 생기면 공기는 고기압에서 저기압으로 이동하고, 그 움직임이 바람이 되는 것이죠. 마치 물이 높은 곳에서 낮은 곳으로 흐르게 되는 것처럼 말입니다.

자, 이제 바람이 어떻게 불게 되는 건지 이해가 됐죠? 그럼 고기압과 저기압이 어디에 있는지 안다면 바람의 방향도 알 수 있겠군요. 바람의 종류는 다양하지만 어떤 경우든 고기압에서 저기압 쪽으로 바람이 분다는 사실, 기억해 두세요.

바람은 보통 풍향과 풍속으로 표시하는데, 풍향과 풍속은 대략 10분간의 평균적인 값을 나타내죠.

먼저 풍향은 바람이 불어오는 방향을 말합니다. 이때 남북을 기준으로 16방위로 나누지요. 그래서 그 지역의 고유명을 사용

친절한 카리스마

고기압과 저기압

고기압이란 주위보다 기압이 높은 곳을 가리키는 말입니다. 여기에서는 중심 기압이 높기 때문에 중심에서 기압이 낮은 바깥쪽을 향해 시계방향으로 바람이 불어 나가게 되지요.. 이때 중심에서는 하강기류가 발달하게 됩니다.

그럼 저기압은 주위보다 기압이 낮은 곳이겠죠? 그래서 여기에서는 기압이 상대적으로 높은 주위로부터 중심을 향해 시계 반대 방향으로 바람이 불어 들어오게 됩니다. 이렇게 불어 들어온 바람은 다시 위로 상승을 하게 되고요.

하는 경우를 제외하고는 '북동풍' 또는 '남서풍'과 같이 표현하는 거랍니다. 바람의 방향을 재는 풍향계는 화살모양의 추에다 두 장의 날개를 달아 놓고, 추와 날개의 무게중심에 기둥(풍향계축)을 받쳐 둔 모양입니다.

풍향계는 약한 바람에도 잘 움직일 수 있도록 만들어야겠죠? 그리고 풍향계 축은 정확히 수직을 유지하도록 해야 합니다.

화살 같은 추의 끝은 언제나 바람이 불어오는 방향을 가리키고 있으므로 만일 추의 끝이 북쪽을 가리키면 '북풍'이 불고 있다는 뜻입니다.

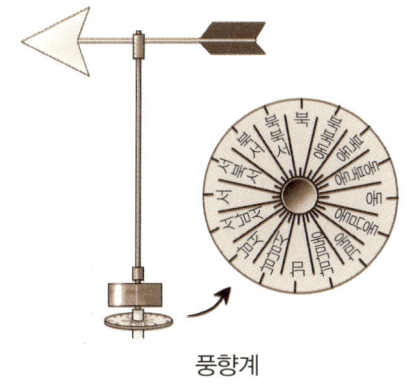

풍향계

우리나라는 비교적 사계절의 특징이 뚜렷한 편이에요. 겨울에는 차갑고 건조한 바람이 불고, 여름에는 온도가 높고 습한 바람이 불죠. 이렇게 그 계절에 전형적으로 나타나는 바람을 계절풍이라고 한답니다.

이런 계절풍이 부는 까닭은 대륙은 주로 모래와 같은 흙이나

첫째 날

둘째 날

셋째 날

넷째 날

다섯째 날

여섯째 날

일곱째 날

암석으로 이루어져 있으며 바다는 물로 이루어져 있기 때문이에요. 무슨 말이냐고요? 차근차근 알아봅시다. 태양에너지를 똑같이 받아도 모래와 물은 온도가 다르게 올라가잖아요. 이것을 비열의 차이라고 해요.

우리가 어떤 상황에 제각각 다른 반응을 보이는 것처럼 물질역시 마찬가지랍니다. 같은 에너지를 받아도 온도가 올라가는 정도는 흙이 물보다 더 크죠. 이건 간단한 실험을 통해 쉽게 확인할 수 있어요.

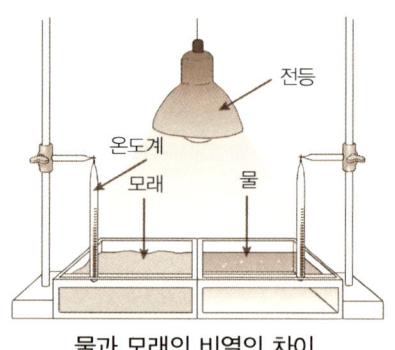

물과 모래의 비열의 차이

그림처럼 장치하여 물과 모래를 가열해 보면 모래의 온도가 물의 온도보다 높아지는 것을 알 수 있어요. 한여름에 해안가 모래사장을 맨발로 걸어본 사람이라면 이 상황을 훨씬 잘 이해할 거예요.

이렇게 모래 쪽, 즉 대륙의 온도가 올라가면 그 공기는 가벼워져 상승하고, 그러면 대륙은 저기압 상태가 됩니다. 상대적으로 바다 쪽에는 고기압이 발달하지요. 이것이 바로 <u>북태평양 고기압</u>이랍니다. 그런데 바람은 고기압에서 저기압으로 부니까 덥고 습한 바람이 우리나라 여름철의 전형적인 <u>남동계절풍</u>이 되는 것이지요.

그렇다면 겨울에는 어떻게 될까요? 당연히 반대 현상이 나타나겠죠? 에너지를 많이 받지 못하는 겨울에는 흙이 물보다 빨리 식기 때문에 상대적으로 온도가 높은 바다 쪽 공기가 상승하여 저기압이 발생하는 겁니다. 따라서 대륙에서 바다 쪽으로 바람이 불고, 이때 대륙에는 <u>시베리아 고기압</u>이 발달합니다.

겨울철이면 우리나라에 불어오는 매우 차갑고 건조한 바람이 바로 <u>북서 계절풍</u>입니다. 겨울철에는 여름철보다 대륙과 바다의 온도 차이가 더 많이 나기 때문에 겨울철에 부는 바람이 훨씬 더 매섭게 느껴지는 겁니다.

이러한 계절풍보다 규모가 작기는 해도 같은 원리로 부는 주기적인 바람이 있는데요, 바로 해안가에서 부는 <u>해풍</u>과 <u>육풍</u>이

여름철

겨울철

첫째 날

둘째 날

셋째 날

넷째 날

다섯째 날

여섯째 날

일곱째 날

랍니다. 흔히 해륙풍이라고 표현하죠.

여름이 되면 사람들이 바다를 찾는 것은 부서지는 하얀 파도와 함께 불어오는 시원한 바람이 있기 때문이지요.

계절풍과 같은 원리로 낮에는 육지 쪽이 바다 쪽보다 기온이 높습니다. 따라서 육지 쪽에서는 공기가 상승해 저기압이 발달하고, 상대적으로 차가운 바다 쪽에는 고기압이 생겨 바다에서 육지 쪽으로 바람이 부는 거죠. 앞서 설명한 모래와 물의 비열 차이는 생각해 보면 쉽게 이해할 수 있을 겁니다. 이것을 해풍이라고 하죠.

또 봄만 되면 우리나라 강원도 영서 지방(태백산맥 서쪽 지방)에 부는 높새바람이 있어요. 푄이라고도 부르는데, 이것은 일정한 지방에서만 부는 국지적 바람이라 할 수 있습니다. 비구름이 태백산맥을 만나서 비를 뿌린 다음 태백산맥을 넘어가서는 고온 건조한 바람이 되어 영서 지방의 봄철 가뭄을 일으키곤 하죠.

산맥을 올라갈 때는 수증기의 잠열(숨은 열) 작용으로 100m마다 기온이 대략 0.5°C씩 내려가고, 내려올 때는 반대로 100m 내려올 때마다 1°C씩 올라가기 때문이에요. 즉 산맥을 경계로 한 온도 차이 때문에 한쪽에는 비가 내리지만 반대쪽에는 고온 건조한 바람이 부는 것이랍니다.

이외에 비구름이나 전선 등의 영향으로 생기는 용오름이 있는데, 이것은 규모가 작기는 해도 강력한 영향력을 발휘하는 소용돌이 바람을 의미합니다.

구름과 비

3

첫째 날

둘째 날

셋째 날

넷째 날

다섯째 날

여섯째 날

일곱째 날

쌤은 어린 시절 옥상에 돗자리를 깔고 누워 하늘의 구름을 한참 동안 구경하곤 했지요. 그때 구름이 참 예쁘다고 생각했어요. 구름의 모습이 변하는 것도 무척 신기했고요. 그런데 이 구름의 정체는 과연 무엇일까요?

솜사탕처럼 부드러워 보이는 구름은 아주 작은 물방울과 얼음알갱이들이 모여 공기 중에 떠 있는 상태를 말합니다. 대기 중에는 물의 기체 상태인 수증기가 존재하는데 상황에 따라서는 물과 얼음으로 변신하기도 하지요.

이와 같은 변신이 가능한 것은 태양에너지 때문입니다. 기온이 올라가면 공기에 수증기가 많아지지만 기온이 낮아지면 수증기가 줄어드는 원리에 따른 것이죠. 예컨대 새벽에 풀잎에 맺혀 있던 이슬은 해가 뜨고 점차 기온이 높아지면 사라지게 됩니다. 아침에 자욱하게 끼어 있던 안개 역시 마찬가지지요.

공기가 수증기를 최대한 포함하고 있는 상태를 포화상태라고 하고, 이 시점의 수증기량을 포화수증기량이고 합니다. 또 기온이 낮아지면 포화수증기량 이상의 수증기는 더 이상 기체 상태로 남아 있지 못하고 액체인 물방울로 변하는데, 이를 응결현상이라고 합니다. 이렇게 응결된 상태의 물방울이 지면 가까이에 있으면 안개로 보이는 반면, 높은 곳에 있으면 구름이 되는 것이지요.

결국 구름이 되기 위해서는 높은 대기 중에서 수증기가 응결되어야 합니다. 즉 구름이 생성되려면 공기는 상승해야 한다는 뜻이지요.

공기가 상승하면 이제 수증기의 변신이 시작됩니다. 상승하는 공기는 주위 기압이 점점 낮아지니까 팽창하게 됩니다. 이 과정에서 온도는 낮아지게 되지요. 팽창이라는 일에 에너지를 소모하면서 내부의 열에너지가 감소하기 때문입니다.

간단한 실험으로 확인해 볼까요? 자, 그림처럼 입을 크게 벌려 온도계에 대고 천천히 입김을 불어 보세요. 온도계가 없다면 손바닥을 갖다대도 좋습니다. 다음에는 입을 작게 오므려서 입김을 세게 불어 보세요. 어떤 차이가 나나요?

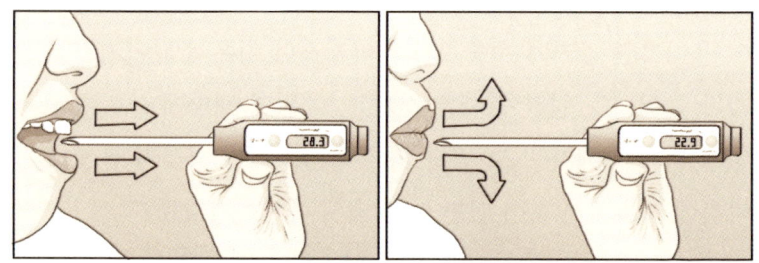

팽창하는 공기와 온도

입을 크게 벌려서 입김을 불었을 경우에는 체온에 의해 데워진 공기가 그대로 나와 여전히 따뜻하지만, 입을 조그맣게 오므려서 입김을 불면 입술 사이의 좁은 공간을 통과한 공기가 넓은 공간으로 나가면서 팽창하게 되어 입김이 보다 시원해지는 것을 알 수 있을 겁니다. 팽창하는 공기는 온도가 낮아진다는 사실, 이제 확인됐나요?

이렇게 온도가 낮아진 공기는 포함할 수 있는 수증기의 양이 줄어들어 결국 공기 안에 있던 수증기가 물방울로 바뀌는 응결이 일어납니다. 그렇다면 공기가 상승할수록 응결되는 수증기의 양도 많아지겠지요? 이러한 과정을 통해 생성된 물방울이 모여 구름을 형성하는 것이랍니다. 물론 아주 높은 곳에서는 기온이 영하로 떨어지므로 구름 안에 얼음 알갱이도 존재할 수 있습니다.

구름은 상승하는 정도에 따라서, 또 그 안에 얼마나 많은 물방울과 얼음 알갱이가 있는지에 따라 다양한 모양을 지닙니다. 그래서 이름도 여러 가지지요. 다음은 구름을 분류해 놓은 그림입니다.

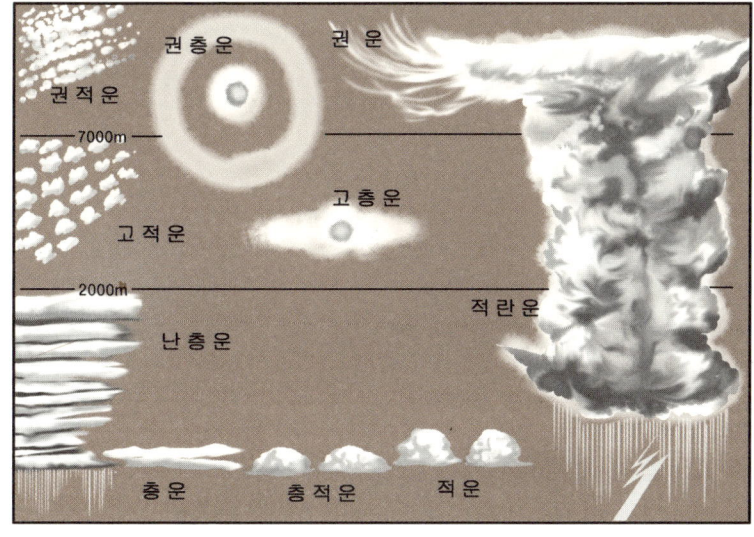

구름의 종류

첫째 날

둘째 날

셋째 날

넷째 날

다섯째 날

여섯째 날

일곱째 날

어른들이 하늘의 구름을 보면서 "조금 있으면 비가 오겠구나"라고 말씀하시는 경우를 본 적이 있나요? 그런데 정말 구름의 모습으로 비를 예측할 수 있을까요?

구름이 있어야 비가 내리는 것은 당연한 사실입니다. 신기한 것은 어떤 구름은 그대로 구름으로 머물고 어떤 구름은 비가 되어 떨어진다는 점이죠. 이런 차이는 구름을 이루는 물방울 혹은 얼음 알갱이의 크기가 커지는 데서 비롯됩니다. 보통 구름의 경우 이들의 크기는 약 0.02mm정도이지요.

하지만 구름을 이루던 물방울이 증발한 수증기가 얼음 알갱이에 달라붙으면 그 크기가 점점 커지겠죠? 이렇게 커져서 무거워진 얼음 알갱이는 더이상 공기중에 머물지 못하고 떨어지는데, 그 과정에서 녹으면 비가 되고 녹지 않으면 눈이나 우박이 되는 것이죠.

이러한 과정을 거쳐 구름 입자가 모여 하늘로부터 떨어지는

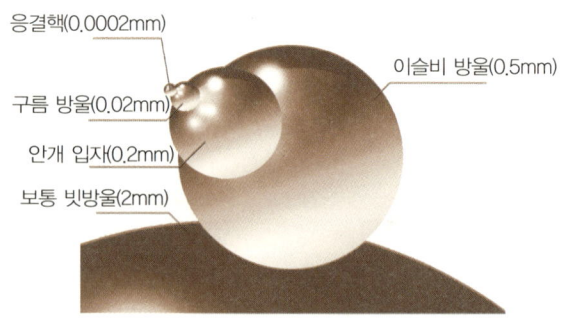

구름과 빗방울

모든 현상을 강수라고 부릅니다. 비, 우박, 눈, 이슬, 무빙(냉각된 작은 물방울이 물체에 부딪혀 형성되는 작은 얼음), 서리, 안개비 등이 모두 강수에 포함되지요.

　일기예보에서 알려주는 강수량은 일정 시간 내에 지상에 떨어져 증발되지 않고 고여 있는 물의 깊이를 말합니다. 눈이나 우박 등의 강수량은 어떻게 측정하냐고요? 이 역시 물로 녹여 계산하지요. 이를 구체적으로는 강설량이라고 해요. 단, 눈이 지면에 쌓이는 깊이를 가리키는 적설량과는 혼동하지 마세요.

친절한 카리스마 ----------------------

찾아가 볼까요?

측우기를 발명한 학자들은 강우량을 측정하는 또 다른 방법으로 강물의 수위를 재기도 했답니다. 강바닥까지 물의 깊이를 재는 거죠. 그 아이디어는 그대로 발

수표교	수표

명이었어요. 세계에서 처음 시도되는 방법이었거든요. 하천의 수위를 재는 방법으로 고안된 것은 수표교와 수표입니다. 수표교는 서울의 청계천과 한강에 설치되었는데, 청계천에 설치된 수표교는 높이 약 2.5m의 나무기둥에 자·치·푼의 눈금을 새기고 그것을 다리의 돌기둥 사이에 끼워 묶은 거예요. 한강의 수표는 강변의 바위를 깎아 눈금을 새긴 것이고요. 또 다리 앞에 수표를 세우기도 했답니다. 여기에는 3개의 홈이 있는데, 각각 갈수(渴水, 가물어서 물이 마름), 평수(平水, 보통 수위), 대수(大水, 위험 수위로 하천 범람 예고)를 의미했습니다.

우리나라의 날씨

우리나라는 4계절의 특징이 분명해서 새싹이 돋고 무성하게 자라다가 잎이 지기까지 자연의 변화를 직접 눈으로 확인할 수 있습니다. 4계절의 특징은 우리나라 주변의 기단에 의해서 결정되지요. 기단은 같은 성질을 가진 공기 덩어리가 수평 방향으로 넓은 지역에 걸쳐 있는 것을 말합니다. 여기서 성질이란 온도나 습도고요.

우리나라에 영향을 주는 주요 기단은 시베리아 기단, 오호츠크해 기단, 양쯔강 기단, 북태평양 기단입니다. 태풍이 오는 시기에는 적도 기단의 영향을 받기도 하죠.

우리나라에 영향을 미치는 기단

시베리아 기단은 시베리아 고기압의 발달과 더불어 형성되어 겨울철에 주로 영향을 주는 한랭건조한 기단이랍니다. 북서계절풍 및 겨울철 추위, 봄철 꽃샘추위의 원인이 되죠.

양쯔강 기단은 대륙성 열대기단으로 따뜻하고 건조합니다. 주로 시베리아 기단의 힘이 약해지는 봄과 가을에 3~4일 간격으로 이동성 고기압의 형태로 다가오지요. 이 기단의 영향으로 가을에는 따뜻하고 건조한 날씨가 계속되어 벼와 과일 등 농작물의 수확에 좋은 조건이 됩니다.

오호츠크해 기단은 5~6월 아직 추위가 풀리지 않은 오호츠크해에서 발달한 해양성 기단입니다. 여름에 장마가 계속되는 건 북태평양 기단과 오호츠크해 기단 때문이에요. 초여름 시베리아 기단이 약화되면서 오호츠크해 기단의 세력이 확장되기 시작하는데, 이때 아래서 올라오는 북태평양 기단과 만나면 그 경계에 장마전선이 형성되는 것이죠.

북태평양 기단은 북태평양에서 발생한 것으로 우리나라 여름철에 영향을 미치는 고온다습한 기단입니다. 오호츠크해 기단과 만나 장마전선을 형성하지만 일단 장마가 끝나면 북태평양 기단의 세력이 훨씬 커져요. 그래서 본격적인 여름이 시작되는 거랍니다. 이 기단의 영향으로 무더위가 지속되어 생활에 많은 불편을 주지만 벼와 같은 농작물의 재배에는 반드시 필요한 기후 조건을 제공하는 기단이에요.

장마전선처럼 각기 다른 기온과 습도를 지닌 두 기단이 만나면 그 경계 부분에는 전선이 만들어집니다. 한랭전선과 온난전

첫째 날

둘째 날

셋째 날

넷째 날

다섯째 날

여섯째 날

일곱째 날

선이 대표적입니다.

　온난전선은 따뜻한 기단이 차가운 기단 쪽으로 이동하면서 생기는 경계예요. 이때 따뜻한 공기는 차가운 기단의 경계면을 따라 서서히 상승하게 되지요. 이 경우 전선의 앞에 해당하는 지역에서는 얇은 구름이 퍼지면서 적은 양의 보슬비나 이슬비 혹은 눈이 내립니다.

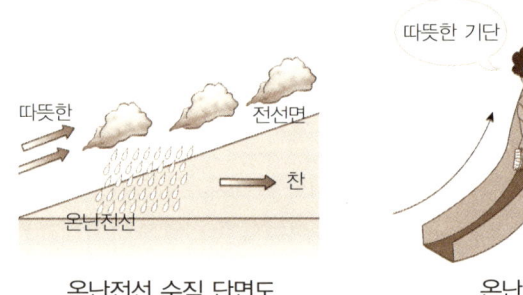

온난전선 수직 단면도　　　　온난전선의 비유

　반면 한랭전선은 한랭한 기단의 세력이 온난기단의 세력보다 우세하여 한랭기단이 온난기단 쪽으로 이동하면서 생기는 전선이에요. 이때 밀려난 따뜻한 공기가 수직으로 상승해서 하늘 높이 두텁게 적운이나 적란운을 만든답니다. 그래서 전선 앞부분에서는 좁은 지역에 소나기가 내리기도 하며 번개가

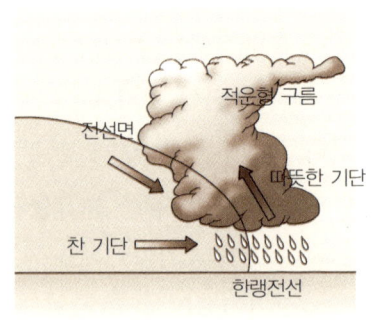

한랭전선 수직 단면도

치거나 우박이 쏟아질 때도 있습니다.

그런데 한랭기단과 온난기단의 세력이 비슷하면 어떻게 될까요? 힘이 비슷하면 어느 쪽으로 밀리지 않고 제자리에 서 있겠지요? 이처럼 전선이 이동하지 않고 머물러 있을 때에는 정체전선이 발달합니다. 이럴 경우 날씨가 흐리고 비가 자주 내리게 되는데 해마다 초여름이면 우리나라에 찾아오는 장마전선은 정체전선에 속합니다.

네 번째로 소개할 전선은 폐색전선이에요. 앞쪽에 온난전선이 발생하고 뒤쪽에 한랭전선이 생성되어 이동속도가 느린 온난전선을 한랭전선이 따라잡아 겹칠 때 생기는 것이 바로 폐색전선이죠. 이것이 발달하면 한랭전선과 온난전선의 기상 현상이 혼

친절한 카리스마 --

불쾌지수란?

불쾌지수란 사람의 기분이 불쾌한 정도를 나타내는 수치입니다. 예를 들어 여름철 몸에 땀이 많이 날 때 땀이 바로 증발하면 체온을 빼앗아가므로 시원하게 느껴지지요. 그런데 습도가 높아 증발이 잘 안 되면 아주 덥고 기분이 나빠져
요. 이럴 때 불쾌지수도 덩달아 올라가지요. 이와 같이 불쾌지수에는 온도뿐만 아니라 습도도 상당한 영향을 미칩니다. 불쾌지수를 구하는 공식에도 습도가 포함되지요.

불쾌지수 = $0.72 \times$(건구온도+습구온도)+40.6

위의 식으로 계산한 불쾌지수가 60~70이면 쾌적한 상태이며, 71~76은 보통 상태, 76~80에서는 불쾌함을 느끼고, 81~85에서는 아주 불쾌하며, 86 이상은 견디기 어려운 상태가 된답니다.

첫째 날

둘째 날

셋째 날

넷째 날

다섯째 날

여섯째 날

일곱째 날

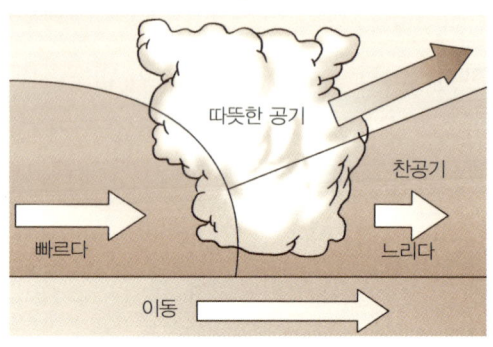

폐색전선의 형성

합되어 광범위하게 나타납니다. 날이 대부분 흐리고 비가 많이
내리지요.

그런데 전선이 발달하지 않았는데도 많은 비를 내리는 경우도
있어요. 늦여름이면 우리나라를 긴장시키는 현상, 때에 따라서는
많은 인명과 재산에 피해를 입히는 자연재해, 태풍입니다.

태풍은 북태평양 서부에서 발생하는 열대저기압 중에서 중심
부근의 최대 풍속이 17m/s 이상인 것을 말합니다. 강한 바람과
많은 비를 동반하는데 발생 지역의 언어에 따라 각각 다른 이름
으로 불리죠. 아시아권은 태풍, 대서양과 멕시코 연안에서 발생
하는 것을 허리케인, 인도양에서는 사이클론이라고 해요. 다들
한 번쯤 들어본 이름이죠?

그럼 태풍이 발생하는 조건을 알아볼까요? 태풍은 연안이나
육지가 아닌 열대지방의 해상에서 형성됩니다. 그리고 해수면의
온도가 27℃ 이상이어야 되지요. 이때 발생한 태풍은 원형의 구
름무리 형태이며 한가운데 구멍이 뻥 뚫린 눈이 있는 게 특징이

2004년 발생한 태풍 카트리나

첫째 날

둘째 날

셋째 날

넷째 날

다섯째 날

여섯째 날

일곱째 날

에요.

　태풍의 크기는 초속 15m 이상의 강풍이 미치는 범위에 따라 결정됩니다. 소형은 반지름 300km, 대형은 500~800km, 초대형은 800km 이상의 지역에 영향을 미치는 꽹장한 크기입니다. 약한 태풍의 중심부 최대 풍속은 17~25m/s, 중형 태풍은 25~33m/s, 강한 태풍은 33~44m/s, 매우 강한 태풍은 44m/s 이상이라고 하네요.

친절한 카리스마

태풍의 이름은 어떻게 정해질까요?

태풍의 이름을 처음 붙이기 시작한 것은 1953년부터랍니다. 이때는 예보 관들이 자신이 싫어하는 정치가의 이름을 붙였다고 해요. 제2차 세계대전 이후에는 미 공군과 해군에서 공식적으로 태풍 이름을 붙였는데, 이때는 예보관들의 아내나 애인의 이름을 사용했대요.

북서태평양에서 발생하는 태풍의 이름은 1999년까지 괌에 위치한 미국 태풍합동 경보센터에서 정한 것으로 사용했습니다. 그러다 태풍에 대한 관심을 높이고 태풍 경계를 강화하기 위해, 2000년부터는 아시아 태풍위원회에서 14개 회원국이 각 10개씩 제출한 총 140개의 고유한 이름을 돌아가며 사용하고 있어요. 순서는 제출국가의 알파벳순으로 되어 있고요. 또 막대한 피해를 준 태풍의 경우 피해국의 변경 요청이 있으면 이름이 바뀔 수도 있답니다.

태풍은 우리나라를 지나갈 때마다 엄청난 피해를 입혔죠. 비행기 등의 교통수단이 완전히 마비되는가 하면, 수많은 사람들이 죽거나 다치고, 건물이며 산, 땅이 무너져서 매번 온 국민이 태풍이 별 탈 없이 지나가기만을 바랍니다.

하지만 지구 전체로 봤을 땐 태풍이 꼭 나쁜 것만은 아니에요. 태풍이 햇빛을 많이 받는 저위도 열대지방의 태양에너지를 상대적으로 햇빛이 부족한 고위도로 옮기는 역할을 하거든요. 그래서 어느 한쪽이 너무 뜨겁지 않게 해 지구 전체의 열평형에 기여한답니다.

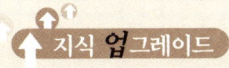
지식 업그레이드

기압에 처음으로 관심을 보인 사람은 갈릴레이(1564~1642)였다. 당시 광산업자와 우물 파는 사람들은 '흡입 펌프로는 물을 10m 이상 끌어올릴 수 없다'는 사실을 경험적으로 알고 있었다. 그런데 왜 그런지는 몰랐다. 그래서 그들은 그 이유를 밝혀 달라고 갈릴레이를 찾아갔다. 하지만 그는 그 까닭을 알 수 없었다. 결국 이것은 그의 제자 토리첼리(1608~1647)가 맡게 되었고, 토리첼리는 갈릴레이가 죽은 이듬해(1643년)에 그 유명한 '토리첼리의 실험'으로 기압을 설명함으로써 이를 밝혀냈다.

이 실험으로 그는 진공이 실재한다는 것을 보이고 대기압이 수은 기둥을 76cm를 밀어 올릴 수 있는 힘이 있다는 것을 증명하였다. 토리첼리가 만들어 보인 진공은 "자연에서는 진공이 존재할 수 없다"고 한 아리스토텔레스의 이론에 큰 타격을 입힌 사건이었다.

당시까지도 고대 그리스의 과학자 아리스토텔레스의 이론은 상당한 영향을 미치고 있었고 특히 종교계에서는 아리스토텔레스의 이론에 반하는 것은 종교를 공격하는 것으로 간주해 탄압했다. 이에 토리첼리는 종교적인 탄압이 두려워 이 실험을 비밀로 하였다. 하지만 이 사실은 메르센에 의해 파스칼(1623~1662)에 전해졌고, 파스칼은 수은뿐만 아니라 12m의 긴 관과 물·포도주를 이용해 같은 실험을 하여 토리첼리가 옳다는 사실을 입증했다.

또 파스칼은 토리첼리의 실험 장치를 이용하여 평지와 산꼭대기의 기압이 다르다는 사실을 처음으로 확인하기도 했다. 그는 토리첼리 실험 원리를 이용한 두 개의 수은 기압계를 만들어 처남인 페리에에게 르몽 근처의 산기슭과 산꼭대기에서 수은 기둥의 높이를 측정하도록 했는데, 산꼭대기기 산기슭에 비해 수은 기둥이 10분의 1이나 낮음을 확인한 것이다. 이는 고도가 높아질수록 기압이 낮아진다는 사실을 확인함과 더불어 기압의 변화를 측정하여 날씨 예보의 자료로 사용할 수 있다는 가능성을 열어 주었다.

첫째 날

둘째 날

셋째 날

넷째 날

다섯째 날

여섯째 날

일곱째 날

넷째 날 | 생명이 시작된
바다의 비밀

4

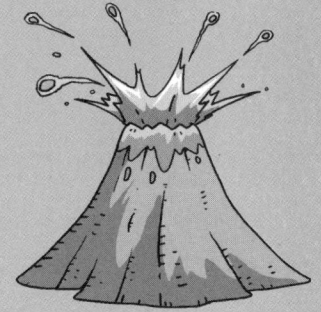

바다, 그 푸르른 곳

마음이 답답하고 짜증이 날 때, 어디엔가 가서 큰 소리로 외치고 싶을 때, 쌤은 바다가 떠오릅니다. 쌤은 특히 세찬 바람이 몰아치고 큰 파도가 넘실거리는 겨울바다를 좋아해요. 머나먼 수평선을 바라보며 철썩거리는 파도소리와 끼룩거리며 날아가는 갈매기의 소리를 들을 수 있는 바다. 아, 상상만 해도 너무 좋습니다.

지구 최초의 생명체는 이 바다에서 잉태되었다고 하지요. 그래서 그럴까요? 사람들은 누구나 넓고 푸른 바다를 동경하는 마음을 조금씩은 가지고 있습니다. 바다는 정말 매력적인 곳이라는 생각이 듭니다.

더욱 신기한 것은 태양계에서 바다를 가진 행성은 우리가 살고 있는 이 '지구' 뿐이라는 사실입니다.

지구의 2/3 이상을 덮고 있는 바다에는 1/1,000mm짜리 박테리아에서부터 길이가 30여m나 되는 긴흰수염고래까지 다양한 생물들이 살고 있는데도 우리는 바다에 대해 아는 것이 별로 없어요.

또한 먼 우주 공간에 우주선을 띄우고 달에 발자국까지 남긴 우리지만 정작 바다 깊은 곳에 들어갈 수 있는 심해잠수정은 전 세계에 10척 미만이라고 해요. 수백 개나 되는 인공위성에 비하면 너무 초라하지요?

공순이 쌤과 함께하는 수업 넷째 날에는 우리 지구 생명체의 요람과도 같은 바다에 대해 알아보기로 해요.

지구가 맨 처음 만들어졌을 땐 물이 전혀 없었습니다. 태양계의 천체들과 함께 지구가 탄생할 당시 지구는 뜨거운 불덩이였지요. 그런데 세월이 흐르고 지구의 표면이 점점 식으면서 단단한 껍데기가 생겼어요.

그 후 지구 곳곳에서는 화산 폭발이 수도 없이 일어났답니다. 이때 지구 내부에서 빠져나온 기체들이 새로운 대기를 만들었는데 그 성분은 대부분 메탄가스와 수소가스, 암모니아가스, 수증기 등이었습니다. 이런 기체들이 하늘로 올라가 점점 더 크게 뭉쳐지면서 점차 무거워지자 마침내 비가 되어 쏟아져 내린 거지요.

수백 년 동안 계속된 비는 지구 표면에서 움푹 파인 부분으로 흘러들어 물로 가득 메웠지요. 이렇게 해서 마침내 지구 최초의 바다가 탄생한 것입니다.

지구가 탄생하고 바다가 만들어진 뒤 오랜 세월이 흐르는 동안 바다 속에서는 신비한 일들이 일어나기 시작합니다. 바닷물 속의 여러 원소들이 서로 반응하고 변화하는 과정을 거치면서 생명체의 근본이 되는 유기물을 만들어낸 것이지요.

기나긴 세월 동안 이러한 변화가 반복된 결과 태초의 생명체가 태어나는데, 지금으로부터 약 35억 년 전의 일이지요. 이 생명체들이 오랜 세월 점점 더 복잡하고 진보된 생명체들로 발전했고요. 이상이 지구 생명체 탄생의 시나리오랍니다.

첫째 날

둘째 날

셋째 날

넷째 날

다섯째 날

여섯째 날

일곱째 날

바다에 대한 본격적인 연구는 18세기 이후에 시작되었다고 하네요. 영국의 쿡 선장에 이어 미국의 벤자민 프랭클린이 구체적인 해수의 모습을 밝힌 이후 보다 본격적인 정밀 해양조사는 1872년 12월부터 1876년 5월까지 챌린저 호에 의해 실시되었습니다.

영국의 포츠머스 항을 출발한 챌린저 호는 2,306톤의 목선으로서 6명의 과학자와 1명의 화가, 그리고 많은 승무원들을 태우고 3년 6개월 동안 세계를 일주하며 해양에 대한 연구를 실시했습니다.

이들은 대서양과 인도양, 태평양과 마젤란 해협 등지에서 4,700종의 해양생물을 발견하고 수심과 수온을 측정하는 등 해양학 전 분야에 걸쳐 연구 업적을 남겼지요. 현재 세계에서 2번째로 깊은 것으로 알려진 챌린저 해연(마리아나 해구에 있는 것으로, 해연이란 해구 중에서 그 지형이 밝혀진 깊은 곳을 말한다)은 그것을 발견해낸 챌린저 호에서 이름을 따온 것이랍니다.

친절한 카리스마

제임스 쿡 선장
인류 역사상 가장 뛰어난 항해가이자 탐험가인 제임스 쿡은 쿡 선장이란 별명으로 더 유명합니다. 양극권을 포함한 지구상의 거의 모든 바다를 항해하였으며, 3차에 걸친 항해 탐사를 통해 태평양의 섬과 해안지대 대부분의 모습을 지도화해 오늘날까지 활용되고 있답니다.

지구의 바다(오대양의 분류)

🐚 지구의 바다

세계의 바다는 크게 5개로 나뉩니다. 이것들을 일컬어 오대양(五大洋)이라고 하지요. 이제 5개의 큰 바다인 태평양과 대서양, 인도양, 북극해와 남극해의 특징을 살펴볼까요?

오대양에서 가장 규모가 큰 태평양은 면적이 1억 6,524만 6,000km²라고 해요. 그 크기가 상상이 안 될 만큼 엄청 넓지요. 동서 길이는 약 1만 6,000km이고 평균수심은 4,282m입니다. 동쪽으로는 3개의 아메리카 대륙, 서쪽으로는 동아시아·인도네시아·오스트레일리아, 남쪽은 남극대륙, 북쪽은 북극대륙으로 둘러싸인 태평양은 세계 바다 면적의 절반을 차지하고 있어요.

태평양에는 특히 화산섬이 많은데, 화산섬 주변에는 산호초가 형성되어 아름다운 풍경을 연출한답니다.

첫째 날

둘째 날

셋째 날

넷째 날

다섯째 날

여섯째 날

일곱째 날

태평양·인도양과 더불어 세계 3대양으로 꼽히는 대서양은 태평양에 이어 두 번째로 넓습니다. 대서양에는 오래 전 '아틀란티스'라는 왕국이 있었다는 얘기가 전해져 내려오고 있어요. 이 왕국은 크게 번영했으나 어느 날 심한 지진과 화산 활동으로 하루아침에 바다 속으로 무너져 내렸다는 거예요. 기원전 9,500년에 있었다고 하는 이 왕국의 통치자가 바로 아틀라스랍니다. 그래서 '아틀라스의 바다'라는 의미에서 지금의 대서양(Atlantic Ocean)이라는 이름이 붙여진 거죠.

사실 아틀란티스와 관련된 이 전설은 중세 이후 대서양 탐험과 아메리카 대륙 발견의 원동력이 되기도 했답니다.

한편 인도양은 아프리카와 아시아, 오스트레일리아로 둘러싸인 대양으로, 전체 바다 면적의 20%를 차지하죠. 인도양에는 아름다운 산호섬이 많은데 그 중에서도 수천 개의 작은 섬으로 이루어진 몰디브 제도가 유명합니다.

한편 인도양이 국제적으로 널리 알려지게 된 것은 13세기 말이었다고 하네요. 이탈리아의 마르코폴로가 아시아를 탐험하던 중 말레이 반도에서 실론 섬으로 곧바로 항해하고, 인도의 서쪽 해안에서 페르시아 만안을 순항하면서부터 알려졌다고 합니다.

북극해는 북극을 중심으로 유라시아와 북아메리카, 그린란드로 둘러싸인 바다로, 북빙양이라고도 하죠. 다섯 대양 중 가장 작은데 워낙 추워서 광합성을 하는 식물성 플랑크톤도 8월에나 증식할 뿐이어서 다른 해양에 비해 생물이 많이 적어요. 겨울에는 1~15m의 두꺼운 얼음이 얼고 여름에는 얼음 덩어리가 물 위에 떠다니며 베링 해와 북대서양으로 이동한답니다.

남빙양이라고도 하는 남극해는 태평양, 대서양, 인도양의 가장 남쪽에 위치해 있으며 1년 내내 얼음으로 뒤덮여 있어요. 물의 온도가 워낙 낮기 때문에 수심 150m까지는 생물이 거의 살고 있지 않습니다. 겨울에는 강한 바람이 몰아치지만 여름에는 플랑크톤이 많이 생겨 고래가 모여 들지요.

남극해는 극한 환경임에도 불구하고 지구에서 가장 큰 고래를 비롯해서 펭귄과 바다표범 등 다양한 생물이 살고 있는 신비로운 곳입니다.

현재 여러 나라들이 남극 지역을 영토화하지 않기로 협의하고 평화적인 과학조사를 실시하고 있는 중이랍니다. 우리나라도 남극에 세종기지를 세워 활발히 연구하고 있다는 것 여러분도 알고 있죠?

첫째 날

둘째 날

셋째 날

넷째 날

다섯째 날

여섯째 날

일곱째 날

앞에서도 이야기했지만 지구의 2/3라는 비율을 차지하고 있는 바다에 대해 아는 것은 극히 적습니다. 우주에 대한 탐사는 놀랄 만큼 발전해 화성의 지도까지 그려낼 정도인 데 반해 바다 밑의 지형은 아직 많은 부분이 베일에 가려져 있지요.

깊은 바다 속으로 직접 들어가는 것은 지구 내부를 탐사하는 것만큼 어려운 일입니다. 바다 깊은 곳은 빛이 닿지 않는 암흑의 세계랍니다. 하지만 무엇보다도 바다 속 탐험을 어렵게 하는 것은 바로 수압이에요.

10m마다 압력이 약 1기압씩 증가하므로 수심 5,000m에서는 무려 500기압이나 된답니다. 500기압은 1cm²에 500kg이나 되는 물체를 올려놓은 것과 같은 엄청난 압력이에요.

수심이 깊어 감에 따라 급속도로 증가하는 압력은 해저 탐험에 가장 큰 걸림돌이 되지요. 산소통을 착용한다고 해도 기껏해야 수십 미터 정도만 들어갈 수 있을 뿐 더 깊이 들어가기 위해서는 고압에 견딜 수 있도록 특수 제작된 잠수정을 이용해야 합니다.

그래서 과거에는 무거운 추를 매단 긴 줄을 바다 속으로 늘여뜨려 수심을 측정했어요. 참 어설픈 방법이죠? 지금은 기술이 많이 발달해 초음파를 이용한 음향 측심법으로 바다의 깊이를 측정한답니다.

음향 측심법은 음향 측심기를 이용해 바다의 깊이를 재는 것이지요. 즉 바다 속으로 초음파를 쏘아 그것이 바닥에 반사되어 돌아오기까지의 시간을 측정해서 깊이를 계산하는 거예요.

이 시간은 배에서 바닥까지의 왕복 시간이므로 이를 1/2로 나눈 다음, 초음파의 속도를 곱하면 바닥까지의 거리가 나오게 되는 겁니다.

🐚 해저지형의 분류

일반적으로 바다 속의 모양은 육지에 비해 단순하고 기울기도 작은 편입니다. 바다 속의 땅 모양을 해저지형이라고 하지요. 해저지형은 깊이에 따라 대륙붕, 대륙사면, 심해저, 그리고 해구와 해연으로 나뉩니다.

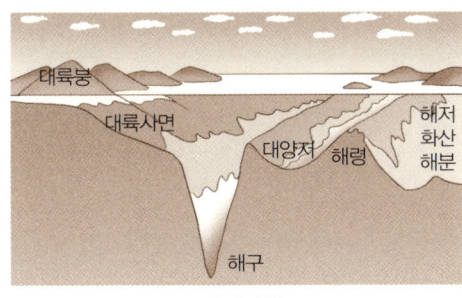

대륙붕   대륙사면   대양저   해령   해저 화산 해분   해구

해저지형

우선 대륙붕은 육지에서 가장 가까우며 해안선으로부터 깊이가 200m 정도까지를 말합니다. 경사도는 대략 0.5~0.7° 정도인데 이것은 1km마다 약 2m 정도 깊어지는 것으로 비교적 평탄한 편이에요. 강물의 유입으로 바다 생물들이 많이 살고 있으며 석

첫째 날

둘째 날

셋째 날

넷째 날

다섯째 날

여섯째 날

일곱째 날

유 등의 자원이 많아 바다의 '보물 창고'라고도 불립니다.

국토의 3면이 바다로 둘러싸여 있는 우리나라는 육지 면적의 약 3.5배에 달하는 대륙붕을 가지고 있습니다.

각 해역의 대륙붕은 서로 다른 특징을 갖는데, 서해의 대륙붕은 수심이 100m 이내이고, 수심 30~50m에서의 경사도는 약 0.1°로서 거의 평지처럼 보이며 3개 대륙붕 중 가장 넓답니다.

남해안의 대륙붕은 서해에 비해 급경사이고 대륙붕의 바다쪽 끝부분은 수심 약 120~130m에서 나타납니다.

동해의 대륙붕은 태백산맥의 융기로 인해 단조로운 해안선을 형성하지만 경사도는 매우 급하여 1.5~4°에 이른답니다.

대륙붕에서 바다 쪽으로 연장된 해저지형이 대륙사면입니다. 평균 경사도는 약 5° 정도이지만 급한 곳은 25°나 되는 곳도 있어요. 대륙사면이 끝나는 부분에는 대륙대(해구와는 연결되지 않는 대륙사면에서 이어지는 경사가 완만해지는 해저지형을 말한다. 대륙대는 육지에서 운반된 퇴적물로 만들어진 곳으로, 수심이 1,400~5,100m 정도이다) 또는 해구가 있기도 하답니다.

심해저는 수심이 2,000m~6,000m에 있는 것으로, 심해저 평원과 심해저 구릉으로 구성되어 있습니다. 심해저 구릉이란 작고 다소 낮은 심해성 퇴적층으로 만들어진 기반암을 말하며, 심해저 평원은 육지에서 흘러 들어온 퇴적물이 넓은 범위로 퍼져 만들어진 것을 얘기한답니다.

해구는 심해저에서 움푹 들어간 좁고 긴 곳으로 급경사면에 둘러싸인 해저지형이랍니다. 현재 지구에는 25~27개의 해구가 있는데, 인도양에 1개, 대서양에 4개, 그리고 나머지는 태평양에 모여 있어요. 보통 수심이 6,000m 이상이에요.

해구 중에서도 특별히 그 지형이 밝혀진 깊은 곳을 해연(海淵)이라고 합니다. 해연에는 보통 깊이를 실제로 측정한 관측선의 이름을 붙이는데, 앞에서도 이야기한 것처럼 마리아나 해구에 있는 챌린저 해연은 그곳을 발견한 '챌린저 호'에서 그 이름을 따온 것입니다.

현재 지구상에서 가장 깊은 해연은 비티아스 해연으로서, 이 해연은 마리아나 해구에 있는데 수심이 11,034m에 달한다고 해요.

근대적 의미의 해양 관측은 영국의 목조 범선인 챌린저 호를

친절한 카리스마

바다 가장 깊은 곳까지 들어간 피카르 부자

세계 최초로 기구를 타고 성층권까지 올라갔던 스위스의 물리학자 오귀스트 피카르 교수는 내친 김에 바다 속도 탐험하고자 줄에 매달려 내려가는 잠수기구가 아니라 독자적으로 움직이는 잠수정을 개발했습니다. 수많은 노력 끝에 최초의 무인 잠수정 FNRS-2호를 만든 피카르 교수는 1953년에 드디어 아들 자크와 함께 세 번째 잠수정인 트리에스테 호를 타고 지중해에서 3,118m 깊이까지 내려갔습니다. 그렇지만 그 기록은 피카르 교수로부터 FNRS-2호를 사들여 개조한 프랑스에 의해 다음 해에 깨져버리고 맙니다. FNRS-3호가 아프리카의 다카르 앞바다에서 3,986m 깊이까지 내려갔던 것입니다.

이 기록은 다시 피카르 교수의 아들인 자크 피카르가 1960년 1월 23일 트리에스테 2호를 타고 10,911m나 되는 마리아나 해구 바닥까지 내려감으로써 다시 깨지게 됩니다. 트리에스테 잠수정의 최고 잠수시간은 4시간 48분으로 그 당시 바다 표면으로 상승하는 데만 3시간 17분이 소요되었다고 합니다. 결국 아들인 자크 피카르가 아버지의 대를 이어 최고의 기록을 달성하게 된 것입니다.

첫째 날

둘째 날

셋째 날

넷째 날

다섯째 날

여섯째 날

일곱째 날

통해 본격화되었다고 할 수 있어요. 챌린저 호는 탐사기간 중 대양 한복판에 해저산맥이 존재하는 것을 발견했어요. 이것을 바다에 있는 산맥 모양이라고 해서 '해령'이라 이름 붙였답니다.

이렇게 살펴본 해저지형은 정말 육지와 비슷하지 않나요? 해저지형과 육지의 공통점은 여기서 끝나지 않습니다.

육지에서 대륙이 이동하면서 산맥이 만들어진 것처럼 바다 밑에서는 해양지각이 움직이고 있답니다. 해양지각은 철, 마그네슘, 칼슘이 많이 함유된 현무암질의 암석으로 이루어져 있어요. 밀도가 큰 해양지각이 밀도가 작은 대륙지각 아래로 내려감으로써 해구가 만들어지는 것이랍니다.

대륙에서는 이것을 이미 판구조론으로 설명한 바 있었죠? 이런 지각의 변동은 베게너의 대륙이동설과 헤스의 해저확장설로 체계화되었답니다.

테마3

4

첫째 날

둘째 날

셋째 날

넷째 날

다섯째 날

여섯째 날

일곱째 날

해수의 성분과 운동

 바닷물의 성분

흔히 '바닷물이 왜 짤까' 하는 질문에 '소금을 만들어내는 맷돌이 빠져서요' 라는 우스갯소리를 하곤 하지요? 수업시간에 학생들에게 바닷물이 왜 짜냐고 질문해 보면 항상 등장하는 단골 답이더군요. 어쩌다 그런 동화가 생겨났는지 모르겠어요. 혹시 정말 바다 깊은 곳에 소금을 만드는 맷돌이 있는 건 아닐까요?

농담은 이쯤 하고, 바닷물이 짠 이유가 소금 때문이라는 건 다 알고 있지요? 실제로 바닷물 1ℓ에 녹아 있는 소금의 양은 대략 35g정도로, 바다의 소금을 모두 모으면 육지 전체를 덮고도 150m 높이로 쌓을 수 있는 엄청난 양이랍니다. 게다가 바닷물에는 소금인 염화나트륨 외에 염화마그네슘과 황산마그네슘 황산칼슘, 황산칼륨, 탄산칼륨 등의 염류가 들어 있지요.

여기서 잠깐! 바다는 강물이 모두 만나 이루어지는 거죠? 그런데 강물과 달리 왜 바닷물만 짠 걸까요? 강물에는 별로 많지 않은 그 많은 소금이 도대체 어디서 온 것일까요?

소금은 염소와 나트륨으로 이루어져 있는데, 염소는 육지나 바다의 화산이 분출할 때 기체 상태로 바다에 녹아 들어가게 되지요. 그리고 나트륨은 육지의 암석 안에 들어 있다가 빗물에 씻겨 내려 바다로 흘러든 거랍니다.

이런 과정에 의해서 바닷물은 강물과 달리 많은 염류들을 가지게 된 겁니다. 그렇지만 이러한 염분, 즉 소금기는 강수량과 증

103

발량의 차이로 장소나 계절에 따라 달라지게 되죠. 아무래도 비가 많이 오면 염분은 적어지고 증발량이 많아지면 반대로 높아지지요.

어머니께서 찌개를 끓여 주는 장면을 한번 떠올려 보세요. 찌개가 너무 짜면 물을 더 넣어 싱겁게 하지요. 그리고 찌개를 오래 끓이다 보면 국물이 졸아서 무척 짜지고요. 이것과 같은 논리랍니다.

그런데 바닷물에는 소금만 녹아 있는 게 아니랍니다. 다양한 광물과 유기물들이 녹아 있어서 생물이 살아가는 데 좋은 환경을 제공해 주지요. 실제로 바다에는 3,000만 종 이상의 생물들이 살고 있답니다.

친절한 카리스마

세계에서 가장 염분이 높은 바다는 사해입니다. 그런데 왜 유독 사해의 염분이 높은 것일까요?

사해는 이스라엘과 요르단에 걸쳐 있는 어마어마한 호수예요. 호수면이 지중해의 수면보다 398m나 낮아서 사해의 물이 바다로 흘러가지도, 또 바닷물이 사해로 유입되지도 않지요. 그 대신 요르단 강의 물이 흘러 들어오는데, 건조한 기후 탓에 너무 많은 물이 증발해서 염분이 높아진 거랍니다.

그래서 요르단 강과 닿아 있는 하구 근처 외에는 생물이 거의 살지 못하지요. '죽음의 바다' 라는 뜻의 사해(死海, DEAD SEA)라고 이름 붙인 이유를 알겠죠? 대신, 사해의 물 속에는 인체에 유용한 광물이 많이 들어 있어서 많은 관광객이 찾고 있답니다.

한편, 사해는 지난 50년 동안 수위가 약 24m 낮아지고 수량은 1/3로 줄었습니다. 최근엔 해수면이 1년에 평균 80cm씩 내려가고 있어서 현재와 같은 속도라면, 50년 내에 소금밭이 되어 버릴 것이라고 하네요. 그래서 요즘엔 사해를 살리자고 힘을 모으고 있으니 사해가 다시 살아나게 될지 이름대로 정말 죽어갈지 좀더 지켜봐야겠습니다.

바닷물의 움직임, 해류

이번에는 바닷물의 움직임인 해류에 대해 공부해 볼까요?

바닷물은 강물처럼 일정한 방향으로 흐르지도, 그렇다고 한 자리에 머무르지도 않는답니다. 바다를 한번 떠올려 보세요. 철썩철썩 소리를 내며 파도가 치고, 바닷물이 싹 빠졌다 다시 차는 밀물과 썰물 현상도 일어나지요.

이왕 이야기가 나온 김에 먼저 밀물과 썰물, 즉 조석에 대해 알아볼까요?

밀물과 썰물은 한마디로 지구와 달, 그리고 태양의 공동작품 이라 할 수 있습니다. 지구와 달과 태양은 서로 끌어당기는 힘(인력)이 있어요. 특히 달은 태양보다 훨씬 작지만 지구와 가깝기 때문에 지구에 미치는 영향이 더 크답니다. 그래서 달쪽의 바닷물은 밀려 들어오고(밀물) 달 반대쪽 바닷물은 빠져나가는 것이지요(썰물).

그런데 조석에 영향을 미치는 힘이 또 하나 있어요. 바로 원심력이지요. 원심력이란 물체가 원운동을 하고 있을 때 회전 중심에서 멀어지려는 힘을 말합니다. 달과 지구가 각각 자전하고, 달이 지구 주위를 돈다는 건 모두 알고 있지요? 그러니 당연히 원심력이 작용하는 거랍니다.

신기하게도 우리나라 바다가 밀물이면 지구 반대편 우루과이의 바다 역시 밀물이 됩니다. 이처럼 해수면 높이의 차이를 일으키는 힘인 인력과 원심력을 기조력이라고 해요.

태양 주위를 도는 지구, 지구 주위를 도는 달. 지구와 달이 공

첫째 날

둘째 날

셋째 날

넷째 날

다섯째 날

여섯째 날

일곱째 날

전하다 태양과 일직선으로 놓이게 되는 순간이 있습니다. 이런 경우 달의 기조력에 태양의 인력까지 합쳐져서 밀물과 썰물의 차이가 가장 커지는데, 이때를 사리라고 합니다. 또한 태양과 지구, 달이 직각 모양으로 배열되면 인력이 분산되어 밀물과 썰물의 차이가 가장 작아지는 때를 조금이라고 해요.

흠, 그런데 말이에요, 이런 현상이 일어나는 원리는 3면의 바다가 모두 같은데 왜 유독 서해안만이 조수 간만의 차이가 큰 걸까요?

그것은 조석이 방금 전에 이야기한 인력과 원심력 외에 해안선이나 바다 밑의 모양과 크기에도 영향을 받기 때문이랍니다. 서해는 탁 트인 동해나 남해와 달리 우리나라와 중국의 육지로 둘러싸인 채 바다가 육지 깊숙이 들어온 형태예요.

다시 말해 서해는 좁고 수심이 얕지만 동해나 남해는 서해에 비해 상대적으로 넓기 때문에 동해나 남해에 비해 서해로 유입되는 바닷물의 양이 많아요. 그래서 서해의 조석 간만의 차이가 큰 거죠.

실제로 서해안에 위치한 인천은 밀물과 썰물의 차이가 8∼10m로 매우 크지만, 동해안에 위치한 속초는 수심이 깊고 굴곡이 없는 해안선의 영향으로 차이가 0.5m 이내로 매우 작습니다. 그 때문에 서해바다에서 시간을 잘못 맞추면 수영하기 위해서 수백 미터의 갯벌을 걸어야 할 때도 있지요. 물론, 갯벌에서 여러 조개며 작은 게를 잡는 재미도 쏠쏠하지만요.

바닷물이 완전히 들어온 상태를 만조, 완전히 빠져나간 상태를 간조라고 하는데요, 하루에 각각 두 번씩 일어납니다. 쌤은 갯벌 체험을 갔다가 바닷물이 밀려들어 갯벌 체험은커녕 갯벌 구경조차 못 하고 온 적이 있어요. 물이 다시 빠지는 데 6시간이나 걸린다고 하더라고요. 여러분도 쌤과 같은 실수를 하지 않으려면 기상청 홈페이지에서 꼭 만조와 간조 시간을 확인한 후 여행을 떠나세요.

🐚 해류의 발생 원인

이제 이야기를 조금 더 확장해 볼까요? 강물처럼 한 덩어리로 일정한 흐름을 갖고 있지는 않지만 바닷물도 큰 물줄기를 갖고 있는데, 그것을 해류라고 하지요.

해류가 만들어지는 원인은 깊은 바닷물과 얕은 바닷물이 각각 다르답니다. 우선 깊은 바닷물, 즉 심층수부터 살펴보기로 해요.

지구를 이루고 있는 바닷물은 한 덩어리로 보이지만 실제로는 각 지역의 해수마다 밀도가 조금씩 차이가 납니다. 이렇게 밀도의 차이가 생기는 이유는 바닷물의 온도와 염분이 달라져서 입니다.

그래서 계절에 따라 바닷물의 온도도 변하고 염분도 달라지기 때문에 바닷물의 밀도도 바뀌게 되지요. 그 결과 밀도가 높은 바닷물은 아래로 가라앉고, 밀도가 낮은 물은 위로 떠오르는 움직임이 생긴답니다. 이처럼 밀도차에 의한 해류를 밀도류라고 부릅니다.

심층수와는 달리 1,000m보다 얕은 바닷물을 표층수라고 부

첫째 날

둘째 날

셋째 날

넷째 날

다섯째 날

여섯째 날

일곱째 날

릅니다. 얇은 바닷물은 주로 바람에 의해 움직이게 되지요. 이러한 표층수의 흐름을 표층류라고 해요.

표층류를 만드는 바람에는 크게 두 종류가 있습니다. 하나는 '편서풍'이라는 바람이에요. 편서풍은 북반구와 남반구의 위도 30~50° 근방에서 서쪽에서 동쪽으로 불고 있는 바람의 이름이지요. 또 하나는 적도 근방에서 동쪽에서 서쪽으로 불고 있는 '무역풍'입니다. 이러한 바람들은 모두 지구의 대기가 대순환하는 과정에서 생기는 거랍니다. 즉, 표층의 해류는 바다 위에서 일정하게 부는 바람의 분포와 관련 있다는 이야기예요.

또한 표층의 해수가 움직이는 데 중요한 역할을 하는 것이 하나 더 있어요. 셋째 날 지구 자전에 의한 전향력에 대해 이야기한 것 기억나나요? 바로 그 전향력도 바닷물의 흐름에 영향을 미친답니다.

지구가 자전하고 있기 때문에 물체의 운동방향이 오른쪽으로 바뀌듯이 북쪽으로 부는 바람은 그 방향의 오른쪽으로, 남쪽으로 부는 바람 역시 남쪽 방향의 오른쪽으로 방향이 변하지요. 그러니 당연히 이 바람에 영향을 받는 해류의 방향도 바뀌는 거죠.

또한 해류는 대륙의 영향도 받기 때문에 바람보다도 훨씬 다양한 방향으로 움직이게 된답니다.

이번에는 우리나라 주변의 해류에 대해 알아보기로 해요.

해류에는 따뜻한 바닷물의 흐름인 난류와 찬 바닷물의 흐름인 한류가 있습니다. 한류는 추운 북반구 쪽에서, 난류는 더운 적도

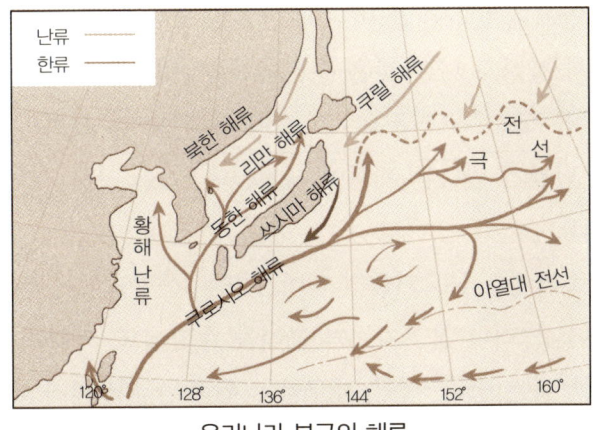

우리나라 부근의 해류

지방에서 흘러나오죠. 그리고 한류에는 산소와 영양분이 많이
포함되어 있답니다.

　우리나라 주변의 해류는 난류에 영향을 많이 받습니다. 특히
필리핀 북동쪽에서 출발하여 타이완 동쪽에서 북쪽을 향해 올라
가다가 일본 남서 해안을 따라 흐르는 쿠로시오 해류의 영향력
이 크지요.

　동해는 쿠로시오 해류에서 갈라져 나온 동한 해류가 강릉과
속초 연안을 따라 북쪽을 향해 올라가기 때문에 겨울에 같은 위
도의 서울보다 5℃ 정도가 높습니다.

　반면 서해는 역시 쿠로시오 해류에서 갈라져 나온 황해 난류
가 흐르지만, 북서계절풍의 영향으로 찬 연안류(해안과 거의 평행하
고 비교적 변화가 없는 바닷물의 흐름. 해안에서 수십 km까지의 해역에서 볼
수 있다)가 흘러들어 서해안 지역에 난류로서의 영향을 미치지 못
하죠.

첫째 날

둘째 날

셋째 날

넷째 날

다섯째 날

여섯째 날

일곱째 날

동해안에는 난류뿐만 아니라 한류도 흐릅니다. 북쪽의 리만 해류에서 갈라져 나온 낮은 수온의 북한 해류가 동해안 지역을 따라 남쪽으로 흐르거든요. 그 결과 동해안에는 북쪽의 한류와 남쪽의 난류가 만나는 지역이 생기는데, 이런 곳을 조경수역이라고 해요.

조경수역에는 물고기들의 먹이가 되는 플랑크톤이 무척 풍부하답니다. 그러니 물고기들이 몰려들 수밖에요. 게다가 한류를 따라 이동하는 명태, 청어, 대구를 비롯해 난류를 따라 이동하는 오징어, 꽁치까지 이 조경수역으로 몰려든답니다.

친절한 카리스마 ---

노르웨이의 탐험가 F. 난센은 세계 최초로 썰매를 타고 그린란드를 동서로 가로지른 사람입니다. 그린란드를 탐사하던 그는 시베리아에서 벌목된 나무들이 그린란드의 서해안에서 발견되는 것을 보고는 북극이 육지가 아니라 얼음으로 뒤덮인 큰 바다이며, 북극의 해류가 거대한 얼음덩어리와 함께 나무를 운반한 것이라고 생각했지요.

난센은 배로 빙하를 따라 움직이다 보면 북극에 도달할 거라는 가설을 세웠답니다. 그리고 이를 증명하기 위해 물 위에 떠다니는 얼음덩이에 대비한 배를 직접 설계했어요. 선체를 둥글게 만들어 얼음의 압력이 가해지더라도 배가 위로 들려지도록 했지요. 난센은 3년 만에 배를 완성하고는 앞으로 이 배가 행할 엄청난 모험에 걸맞게 노르웨이 어로 '앞으로'라는 뜻의 '프람'으로 이름 지었답니다.

그리고 1893년 6월, 드디어 역사적인 탐험을 시작합니다. 북쪽으로 올라갈수록 배는 점점 얼음에 둘러싸여 목숨이 위태로운 적도 있었지요. 1895년 3월 프람 호는 북위 84°59′, 동경 102°27′에서 멈춥니다. 그렇다고 모험이 끝난 게 아니었어요.

난센은 요한센과 함께 개썰매와 카약을 번갈아 타며 더 전진했습니다. 그리고 4월, 당시로서는 인간이 도달할 수 있는 최북방인 북위 86°14′ 지점에 도달했답니다. 32세 때 목숨을 걸고 감행한 북극 탐험을 통해 해류에 관한 자신의 가설을 증명한 난센은 다음과 같은 말을 남겼습니다.

"인생에 있어서 가장 중요한 일은 자기를 발견하는 것이다."

우리나라에 미치는 해류의 영향력에서 알 수 있듯이 해류는 기상과 기후 변화에 큰 영향을 미칩니다.

또한 적도 부근의 남는 열을 극지방 쪽으로 데리고 가 지구가 열평형 상태를 유지하는 데 절대적인 공헌을 하지요. 그렇지 않았다면 극지방은 지금보다 훨씬 더 춥고, 적도는 훨씬 더 뜨거웠을 거예요. 그러면 생명체가 존재할 수 있는 지역 역시 확 줄었겠지요? 그러니 지구의 안정을 위하여 열심히 움직이는 해류에게 박수를 쳐주자고요!

첫째 날

둘째 날

셋째 날

넷째 날

다섯째 날

여섯째 날

일곱째 날

바다의 가치

　바다는 대부분의 사람들에게 지난날의 아련한 추억이나 그리움의 정서를 안겨 준다는 특징이 있습니다. 이것도 바다가 지닌 가치 중의 하나라 할 수 있습니다.

　그러나 바다가 우리에게 무엇보다 소중한 것은 그곳이 지닌 엄청난 경제적 가치 때문입니다. 1차적으로 우리 어민들은 바다를 자신의 생활 터전으로 삼고 있지요? 그들에게 바다는 자신의 생계를 유지하기 위한 작업장이자 삶의 공간이 되고 있어요. 물론 우리는 그들의 노고를 통해 바다에 사는 여러 해산물과 생선들을 먹을 수 있는 것이고요.

　하지만 이런 것 말고도 바다가 지닌 가치는 무궁무진해서 우리 인간에게는 정말로 고마운 존재라는 느낌이 절로 나게 한답니다.

　석유 값이 오른다고 걱정하는 모습을 많이 보았지요? 석유는 현재 우리가 살아가는 데 있어 반드시 필요한 에너지입니다. 그러니 그 값이 오르면 어떻겠어요. 게다가 값이 오르는 데만 걱정이 있는 게 아니랍니다. 더 큰 문제는 이제 땅속에 매장된 석유의 여유분이 많지 않다는 데 있습니다. 소비량은 그다지 줄지 않는데 공급량에는 한계가 있다 보니 석유 산유국들끼리 동맹을 맺어 석유값을 자꾸 인상하는 것입니다.

　석유뿐만이 아니죠. 산업기술의 발달로 마구 채굴한 철이며,

석탄, 천연가스 등 육지의 자원들은 이제 점점 한계를 드러내고 있습니다.

그래서 사람들은 새로운 자원이 어디 없을까 궁리하다가 바다로 눈을 돌리게 된 거예요. 그 동안 바다에 대한 연구가 많이 진행되었지만 바다에 대해 아는 것보다 모르는 부분, 아직 개척되지 않은 부분이 많다는 것은 그만큼 개발 가능성이 높다는 얘기입니다.

실제로 바다에는 막대한 자원이 저장되어 있습니다. 1조 6천억 배럴(1조 배럴은 우리 인류가 40년 동안 사용할 수 있는 양이다)에 이를 것으로 추정되는 석유를 비롯해, 여러 광물자원이 인류의 개발을 기다리고 있지요.

게다가 바다 하면 가장 먼저 떠오르는 소금은 또 어떤가요? 앞에서 바다의 소금을 지구에 골고루 뿌리면 150m 높이로 쌓을 수 있다고 한 이야기를 기억하죠?

게다가 우라늄은 육지에 묻혀 있는 것보다도 많은 양인 21억 톤 정도가 바다에 매장되어 있을 것으로 예상한다고 하네요. 이 우라늄으로 원자력 발전소를 가동하면 전 세계가 3,000년 동안 사용할 수 있는 에너지를 생산할 수 있다고 하니 얼마나 멋져요! 물론 현재의 기술로는 정제과정에서 소요되는 엄청난 비용 때문에 이용하기가 힘들지만 미래에는 분명 그 가치를 발휘할 수 있을 거예요.

특히 요즘에는 세계 각국에서 망간단괴라는 자원 개발에 박차를 가하고 있답니다. 심해저에 있는 망간단괴는 앞에서 이야기

첫째 날

둘째 날

셋째 날

넷째 날

다섯째 날

여섯째 날

일곱째 날

한 챌린저 호의 해양조사에 의해 그 존재가 알려진 것으로 망간과 철, 니켈, 구리, 코발트 등을 함유한 갈색의 덩어리예요. 모양새는 꼭 못생긴 감자나 포도송이, 브로콜리 같지만 쓰임새는 놀랍답니다.

망간단괴에 함유된 망간과 철은 철강산업에, 니켈은 철강과 전기통신산업에, 구리는 통신과 전력산업에, 코발트는 특수철강 제조에 사용되는 등 우리에겐 없어서는 안 될 자원이지요. 특히 자원이 별로 없는 우리나라로서는 망간단괴의 개발이 시급합니다.

그 외에도 금과 마그네슘, 유황, 칼륨 등 수많은 금속과 무기물이 포함된 망간단괴는 자원의 보물창고, 심해의 노다지라 할 수 있습니다.

이렇듯 많은 자원을 품 속에 안고 있는 바다는 인류의 자원 문제를 해결할 수 있는 미래의 희망이라고 할 수 있지 않을까요?

이번에는 바다의 생물 자원에 대해 살펴보기로 해요. 바다는 최초로 생명체를 잉태한 곳입니다. 지구 표면의 70%에 이르는 거대한 수조에는 지구 생물의 80%인 1,000만 종(種)의 생물이 서식하고 있으며 전 세계 단백질 섭취량의 16%를 바다가 공급하고 있다고 해요. 식량 자원으로서도 큰 가치가 있다는 뜻이 되지요.

나아가 미래에는 바다가 질병 치료에도 한몫할 것 같습니다. 플레밍이 곰팡이에서 페니실린을 발견한 지 80여 년이 지난 지금 약품에 대한 병원균들의 내성이 강해져 육지 생태계에서 추출한 의약품은 더 이상 효력을 발휘하지 못할 수도 있어요.

그런데 바다에 살고 있는 해면동물과 해양 박테리아에서 추출해낸 화학물질은 관절염과 암 퇴치에 효과가 있으며, 에이즈와 알츠하이머병 등 현대의학으로는 고칠 수 없는 병을 치유할 수 있는 새로운 물질을 해양에서 추출할 가능성도 높다고 하네요.

바다의 해적이라 불리는 불가사리에서는 콜라겐을 뽑아내 화장품을 개발하거나 항암제와 고지혈증 등 다양한 용도의 신약을 만들 수 있다고 하니 골칫거리가 효자 역할을 하게 된 셈입니다.

이렇듯 특이한 화학구조를 가진 해양생물이 단순한 식량이나 에너지 자원, 그리고 비료와 사료 등의 1차적인 소재를 뛰어넘는 고부가가치의 자원으로 대접받는 시대가 된 거죠.

바다가 우리에게 도움을 주는 것은 여기서 끝나는 게 아니에요. 바다에서는 조수 간만의 차이를 활용한 조력발전과 파도의 힘을 이용한 파력발전을 통해 에너지도 얻을 수 있어요. 하지만 아직은 화석 에너지에 비해 비용이 많이 들기 때문에 선진국에

친절한 카리스마

바다 위에 배도 아니고, 등대도 아닌 무언가가 떠 있는 것을 볼 때가 있습니다. 그건 바로 부표라고 해요. 부표는 선박이 안전하게 항해할 수 있도록 항로를 안내하거나 위협을 경고하기 위하여 바다에 띄운 기구랍니다. 그런데 부표가 둥둥 떠내려가면 안 되겠지요? 그래서 해저와 체인으로 연결되어 있답니다.

바다 위로 솟은 해상 기상관측부에는 바다의 상황과 기상을 자동으로 관측하는 기상관측센서가 부착되어 육지에 실시간으로 정보를 전달할 수 있어요. 인천 앞바다에는 172개의 부표가 설치되어 선박의 안전한 항해를 돕고 있습니다.

첫째 날
둘째 날
셋째 날
넷째 날
다섯째 날
여섯째 날
일곱째 날

서도 많이 이용하지는 못하는 실정입니다.

그렇다고 바다에서 에너지를 얻는 일을 포기해야 할까요? 아니죠. 해양 에너지는 화석 에너지에 비해 공해가 없고 무한히 재생된다는 장점을 가지고 있습니다. 지구가 존재하는 한 파도는 칠 것이고, 밀물과 썰물 현상도 계속 일어날 테니까요. 게다가 지구 온난화에 대한 염려도 없으니 그야말로 '금상첨화'라고 할 수 있어요.

우리나라에서는 현재 안산 시화 방조제 중간 지점에 국내 최초로 조력발전소를 건설 중이라고 하네요. 2009년 말에 완공될 예정인 시화 조력발전소는 발전시설 용량이 현재 세계 최대인 프랑스 랑스 강 하구에 있는 발전소보다 크다고 합니다. 발전소가 가동되면 연간 50만 명의 사람이 사용할 수 있는 전력을 생간할 수 있다고 해요. 어때요, 여러분? 너무 자랑스럽지 않아요? 이제 우리는 세계 최대의 조력발전소를 갖게 되는 거라고요.

그리고 파도의 힘을 이용한 파력 에너지에 대한 연구도 활발히 진행 중이랍니다.

이제 지구와 인류의 건강한 생존을 위해서는 에너지의 진화가 필수조건이 되었습니다. 석유가 한 방울도 나오지 않는 우리나라, 그리고 곧 석유의 고갈을 맞이하게 될 세계를 위해서라도 하루빨리 무한한 해양 에너지를 실용화시키는 기술이 개발되었으면 좋겠네요.

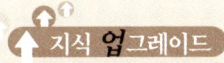

지식 업그레이드

해류의 측정

해류의 움직임은 어떻게 측정하는 것일까?

해류의 방향과 속도를 알기 위해 사용하는 기구로 해류병이라는 것이 있다. 해류병 내부에 측정기관의 주소와 이름이 적혀 있는 통지카드를 넣어 해류를 따라 떠내려 보낸다. 그것이 해안에 도착하면 주운 사람이 발견장소와 날짜, 시간을 기재한 다음 측정기관에 수송하는 방식으로 이용된다.

모나코의 왕족 앨버트는 1885년 모두 1,675개의 병과 맥주통 안에 '이것을 발견한 사람은 몬테카를로의 앨버트 대공에게 발견 당시의 정보를 알려 달라'는 메시지를 담아 바다에 던졌다. 그 중 회수된 227개의 경로를 표시해 본 결과 북아메리카 대륙 남단의 멕시코 만을 출발한 해류가 대서양에서 어떻게 흐르는지 알 수 있었다. 이것이 바로 해류병의 시초이다.

요즘에는 해류 측정에 다양한 기술을 이용한다. 유속계에 달린 프로펠러 회전수 및 자석을 이용해 해류의 속도와 방향을 측정하기도 하고, 초음파를 발사하여 각각의 수심에서 해류와 함께 움직이는 부유물로부터 반사되는 음파를 측정하는 초음파식 유속계를 사용하기도 한다. 초음파식 유속계는 해양의 어떤 지점에 부착시킬 수도 있고 선박에 붙여 운항 중에 관측할 수 있다는 장점이 있다.

첫째 날

둘째 날

셋째 날

넷째 날

다섯째 날

여섯째 날

일곱째 날

117

다섯째 날 | 개성 만점 태양계 가족

5

태양계

5

우주, 느니어 나씻배 빌립니디. 오늘은 지구를 띠니보거고 헤요. 아마 지구과학을 좋아한다면 오늘을 가장 많이 기다렸을 거예요.

쌤처럼 밤하늘을 보면서 어린 왕자랑 대화하는 친구들도 있겠죠? 하지만 조심하세요, 자칫 이상한 사람 취급을 받는다고요.

자, 우리 지구와 한가족이라 할 수 있는 태양계 식구들을 만나러 갈까요?

천문학의 발전 과정

인류는 눈에는 보이지만 손에는 잡히지 않는 하늘을 올려다보며 바깥 세상에 대한 호기심과 동경을 키워 왔습니다. 그리스·로마 신화뿐만 아니라 세계 거의 모든 나라에 별자리에 관한 전설이 존재하는 것도 그 때문일 거예요.

그런데 지구 밖에 있는 것들에 대해 탐구하려면 우리가 발을 딛고 있는 땅에 대한 연구가 먼저 이루어져야 해요. 그래야 이 지구와 연관된 존재로 생각을 확장해 나갈 수 있을 테니까요.

첫째 날 지구의 형태에 대한 생각이 어떻게 변화해 왔는지 살펴보았는데, 기억나나요? 배웠다는 사실만 기억하는 친구들을 위해 쌤이 간단하게 이야기해 줄게요.

고대 중국에서는 하늘은 둥글고 땅은 네모지다는 개천설과 천지를 계란에 비유한 혼천설의 논쟁이 계속되었지요.

한편 서양에서는 기원전 140년경 그리스의 천문학자 프톨레마이오스가 우주의 중심에 지구가 있고, 그 둘레를 다른 모든 천체가 돌고 있다는 천동설에 대한 체계를 이루었답니다.

그 후 16세기에 폴란드의 천문학자 코페르니쿠스는 우주의 중심은 지구가 아니라 태양이며, 지구가 태양의 둘레를 돌고 있다는 지동설을 제안해 천문학의 역사를 크게 바꿔 놓았지요.

1609년에는 갈릴레이가 네덜란드에서 최초로 만든 렌즈를 조합하여 망원경을 제작해 하늘을 관측하기에 이르렀어요. 갈릴레이의 망원경 발명은 우주에 대한 궁금증을 푸는 결정적 계기가 되죠.

갈릴레이는 배율이 겨우 33배 정도인 굴절 망원경으로 달 표면의 크레이터와 태양의 흑점을 발견하고, 이어서 달처럼 모양을 바꾸는 금성의 위상 변화도 관측했답니다.

그의 연구는 여기서 끝나지 않았어요. 밤하늘에 보이는 아름다운 은하수가 많은 별들이 모인 집단이라는 사실도 밝혀냈거든요.

이렇듯 갈릴레이의 망원경은 천문학 발전에 지대한 공헌을 했답니다. 시간이 지나면서 망원경은 점점 더 정밀해지고, 이에 발맞추어 그동안 전혀 인식하지 못했던 많은 천체들이 발견됐어요.

그리고 하늘을 향한 인류의 꿈은 계속해서 더 넓은 우주로 뻗어나가 우주선을 쏘기에 이릅니다. 1969년, 아폴로 11호에 몸을 싣고 우주로 날아간 닐 암스트롱은 인류 최초로 달 표면에 직접

첫째 날

둘째 날

셋째 날

넷째 날

다섯째 날

여섯째 날

일곱째 날

발을 디디는 쾌거를 이루어냈지요.

놀랄 만한 과학기술의 발달로 태양계의 비밀도 하나씩 베일이 벗겨지고 있답니다. 자, 이제 본격적으로 태양계에 대해 공부해 볼까요?

태양계의 탄생

까마득한 옛날 우주 공간에는 빅뱅이라고 하는 엄청난 대폭발이 일어났습니다. 이 과정에서 생겨난 가스와 먼지 같은 성간물질(별과 별 사이에 떠 있는 극히 희박한 물질)이 많이 모여 있는 성운에서 지구를 비롯한 태양계의 식구들이 탄생하게 되죠.

제일 먼저 태어난 건 태양이었어요. 엷은 가스와 먼지구름이 응축되면서 일어난 소용돌이들 속에서 태양이 탄생하여 빛을 내기 시작한 것이죠.

그리고 나머지 물질들이 원반처럼 둘러싸고 있다가 미행성이 자라고, 이 미행성들이 충돌하고 합체되는 과정을 거쳐 큰 행성이 생성되었답니다. 지구도 이때 만들어진 행성 가운데 하나이고요.

태양계란 태양의 중력에 의해 태양 주위를 돌고 있는 천체와 태양을 합해 부르는 이름입니다. 현재까지 지구가 태양계에 속하고, 태양계는 은하계 안에 있으며, 은하계 바깥에는 이와 비슷한 수많은 외부은하가 존재한다는 사실이 알려졌어요.

'안드로메다'라는 단어를 많이 들어 봤지요? 이 역시 외부은하 중 하나랍니다.

은하계의 모습

　우리 은하계는 나선 모양으로 지름이 약 10만 광년, 두께는 약 5만 광년에 달합니다. 광년이란 빛이 진공 속에서 1년 동안 진행한 거리를 나타내지요.

　빛은 진공 속에서 1초 동안 30만 km를 날아가니까 1년간 나아가는 거리는 9.46×10^{12}km예요. 이것의 5만 배, 10만 배에 달하는 크기라니 정말 어마어마하죠?

　이 엄청난 크기의 은하계 안에는 태양을 포함해 약 1,000억 개가 넘는 항성(핵융합 반응으로 스스로 빛을 내는 고온의 천체)이 있고, 이 항성들은 모두 제각각 큰 집단, 즉 계(系)를 구성합니다. 그 중 하나인 태양계는 은하계의 끝부분에 위치하지요.

　태양계는 태양을 중심으로 돌고 있는 8개의 행성(수성 · 금성 · 지구 · 화성 · 목성 · 토성 · 천왕성 · 해왕성)을 비롯해, 행성과 소행성의 중간 단계인 왜소행성(세레스 · 명왕성 · 이리스), 행성의 주위를 돌고 있는 위성, 그 외에 소행성, 혜성 등으로 이루어져 있습니다.

　태양계의 질량 가운데 99.85%는 태양이 차지하고 있으며, 행

첫째 날

둘째 날

셋째 날

넷째 날

다섯째 날

여섯째 날

일곱째 날

성들은 모두 합해 0.135%에 불과하죠. 나머지의 아주 적은 양은 위성과 소행성, 혜성 등이 갖고 있답니다.

자, 이제부터 태양계의 가족들을 하나하나 소개할 테니 모두 친하게 지내 봐요!

첫째 날

둘째 날

셋째 날

넷째 날

다섯째 날

여섯째 날

일곱째 날

제일 처음 소개할 태양계의 식구는 물론 대장인 태양입니다. 태양계의 우두머리이자 막대한 에너지의 제공자, 자기를 중심으로 우리 지구를 어지럽게 돌리고 있는 캡틴이에요. 쌤이 태양을 너무 멋지게 소개한 건 아닌가요? 하지만 태양에게는 그럴 자격이 충분히 있다고요.

태양의 크기는 지름이 약 139만 km로, 지구 지름의 약 109배에 달합니다. 부피는 지구의 130만 배, 질량은 33만 배죠.

그런데 평균밀도는 지구의 약 1/4이에요. 다른 값에 비해 밀도가 지구보다 작은 이유는 태양이 지구처럼 고체의 단단한 껍질을 가진 게 아니라 전체가 고온의 기체 덩어리이기 때문이죠.

태양을 이루는 기체는 주로 수소로서, 핵융합 반응으로 많은 에너지를 만들고 있습니다. 이것이 바로 태양계의 주요 에너지원이 되는 거랍니다.

이제 태양의 모습을 하나하나 살펴볼까요?

태양이 뜨거나 질 때 바라보면 참 붉지요. 이처럼 태양의 빨간 표면을 광구라고 한답니다. 물론 광구 주위엔 대기층이 있지만 광구가 워낙 밝기 때문에 우리 눈에는 안 보이는 거예요.

광구에서는 간혹 어두운 반점이 나타나기도 합니다. 여러분도 많이 들어 봤을 텐데, 바로 흑점이에요. 흑점은 6,000℃에 달하는 태양의 표면 온도보다 상대적으로 온도가 낮아서 어둡게 보이는 현상이라 할 수 있어요. 흑점에 대해서는 기원전에 관측한 기록이 있지만 1613년 갈릴레이가 망원경으로 발견하면서 본격적으로 연구되기 시작했어요.

그런데 이 흑점은 한 지점에 계속 머물러 있지 않고 사라졌다가 다시 나타나기도 해요. 많을 때는 약 300개까지 보이지만 어떨 때는 아예 안 보이기도 한답니다.

독일의 천문학자 슈바베는 1826년부터 17년간 태양을 관찰한 끝에 흑점이 11.2년을 주기로 증가하였다가 감소한다는 것을 밝혀냈어요.

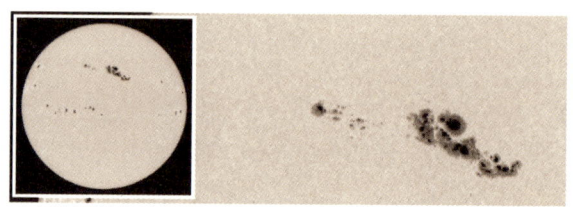

흑점의 모습

광구 바깥에는 태양의 대기층인 채층과 코로나가 있는데, 평상시에는 태양빛이 너무 밝아서 볼 수 없어요. 다만 달이 태양을 완전히 가리는 개기일식 때 비로소 옅은 붉은색 고리 모양의 채층을 몇 초간 확인할 수 있을 뿐이죠. 채층의 온도는 광구보다 높은 1만°C 정도 입니다.

코로나는 채층 밖에 희박하게 분포하는 진줏빛 대기로, 가장 높고 넓게 퍼져 있는 상층 대기권이에요. 코로나의 밝기는 달과 비슷해서 채층처럼 광구의 빛이 달에 의해 완전히 차단되는 개기일식 때만 빛이 이글거리는 듯한 모습으로 보여요.

흑점이 최소일 때 코로나의 크기도 작고, 최대일 때 크고 둥근 모양을 갖는 것으로 보아 코로나의 형태와 크기가 흑점과 관련 있을 것으로 추측한답니다.

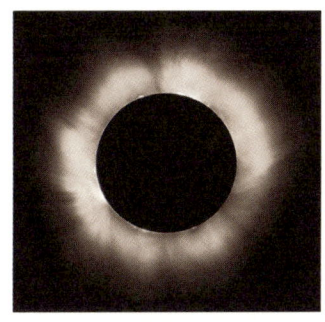

코로나

태양에서 일어나는 멋진 현상으로는 플레어와 홍염을 꼽을 수 있습니다. 홍염은 채층에서 뜨거운 가스가 불기둥처럼 솟아오르는 현상이에요. 그 위력이 대단해서 광구로부터 수백만 km 높이까지 솟아오른다고 해요.

플레어는 흑점과 관련 있습니다. 흑점끼리 충돌하거나 새로운 흑점이 탄생할 때 그 주변에서도 큰 폭발이 일어나지요. 이 폭발과 함께 다량의 에너지를 방사하는 현상을 플레어라고 한답니다. 플레어는 남극이나 북극에서 아름다운 오로라를 만들기도 하죠.

그런데 플레어는 그냥 보고 넘어갈 만한 상대가 아닙니다. 이

첫째 날

둘째 날

셋째 날

넷째 날

다섯째 날

여섯째 날

일곱째 날

오로라

것은 태양이 지구와 가깝기 때문에 지구에 엄청난 영향을 미친
다는 걸 의미하거든요.

최근 플레어가 발생했을 때 세계의 위성들이 장애를 일으키고
통신이 중단되기도 했으며, 캐나다에서는 대규모 정전 사태가
발생했을 정도로 위력이 대단합니다.

또한 경주용 비둘기들이 방향을 잃고 헤맸다고 하는데, 이것
은 플레어에 의해 자기권이 교란되어 비둘기가 방향을 제대로
찾지 못한 것으로 분석되었죠. 그래서 세계 각국에서는 플레어
를 감시하는 팀을 꾸려 서로 협력하고 있답니다.

친절한 카리스마 ------------------------------

오로라는 우리나라에서 실제로 볼 수 없는 현상입니다. 흔히 극지방의 밤
에 볼 수 있는 것으로 알려졌지만, 위도 60~80° 지역과 시베리아 북부
연안 그리고 알래스카 중부 등지에서 많이 나타납니다. 오로라는 근본적으
로 태양에서 방출된 대전입자가 대기로 진입한 후 대기분자와 반응해 빛을
내는 현상이에요. 그래서 꼭 밤에만 일어나는 것은 아니지만 강한 햇빛 때
문에 낮에는 잘 볼 수 없습니다. 구름이 없는 맑은 밤, 극지방에 가면 정말
장관이겠죠?

행성

첫째 날

둘째 날

셋째 날

넷째 날

다섯째 날

여섯째 날

일곱째 날

이번에는 태양에 딸린 식구인 행성에 대해 알아볼까요? 태양계에는 8개의 행성이 있습니다. 태양계의 행성들은 모두 태양의 중력에 이끌려 태양을 중심으로 공전하는 한편, 스스로 자전하고 있답니다.

태양계의 행성

8개의 행성은 크게 목성형 행성과 지구형 행성으로 나뉘지요. 수성과 금성, 지구, 화성은 지구와 성질이 비슷해서 지구형 행성이라 하며, 목성과 토성, 천왕성, 해왕성은 목성과 성질이 비슷하다 하여 목성형 행성으로 분류하는 거예요.

지구형 행성은 크기가 지구보다 작고 밀도는 지구와 비슷한데

주로 철이나 니켈, 규소와 같은 무거운 물질로 이루어져 있습니다. 반면 목성형 행성은 수소나 헬륨과 같은 가벼운 물질로 되어 있어 밀도가 지구보다 작아요. 또한 목성형 행성들은 모두 토성처럼 고리를 가지고 있답니다. 신기하지요?

이제 그 행성들을 차례차례 살펴볼까요?

수성

수성은 태양에서 가장 가까운 행성으로 달처럼 크레이터가 많아요. 대기나 위성도 없고, 항상 태양 주위를 맴도는 태양계에서 가장 작은 행성이지요. 그래서 수성은 해 뜨기 직전이나 해가 진 직후에만 관측할 수 있습니다. 대기가 없어서 낮에는 400℃, 밤에는 −170℃까지 내려가 일교차가 무척 크지요.

금성

금성은 이산화탄소 대기로 둘러싸여 있어서 표면을 관측하기가 어려워요. 참, 우리 지구도 요즘 이산화탄소 때문에 걱정이 많죠? 금성도 마찬가지랍니다. 기압이 지구의 약 100배에 달하는데다, 이산화탄소로 인한 온실효과가 심각해서 표면의 온도는 약 500℃에 이른대요. 태양계에서 가장 온도가 높은 행성이죠.

자, 이번엔 외계인이라는 말을 들으면 함께 떠오르는 화성 차

례입니다. 붉은 화성은 표면이 많은
산화철로 덮여 있어요. 그리고 물이
흐른 흔적은 여러 번 발견됐으나 최
근에는 실제 물이 흐르는 장면이 발
견되어 세계 사람들이 흥분하기도 했
습니다.

화성

　양극에는 물과 이산화탄소가 얼어붙은 극관도 있고, 포보스와
데이모스라는 위성도 갖고 있지요.

　자전축의 경사와 자전 속도는 지구와 거의 비슷해 화성의 하
루는 지구와 거의 같은 24시간 37분이에요. 그리고, 지구처럼 계
절의 변화도 있답니다. 화성의 대기는 매우 얇아서 표면의 대기
압은 지구의 1/100 정도입니다.

　아무튼 화성은 여러 모로 지구와 비슷하고 지구 외에 생명체가
존재할 가능성이 가장 높은 행성인 바람에 〈화성침공〉과 같은 공
상과학 영화의 배경으로 많이 등장하죠. 그것도 거의 화성에 살
고 있는 외계인이 지구를 침략하는 내용으로요. 하지만 지금까
지 뚜렷한 생명체의 흔적을 찾아내지는 못했습니다.

　지금까지 소개한 행성들은 모두 지구와 닮은 행성들이었어요.
이번에는 지구형 행성들보다 훨씬 큰 행성들, 즉 목성형 행성들
에 대해 살펴보기로 해요.

　먼저 목성은 태양계에서 가장 큰 행성으로, 지구의 약 11배 정
도의 크기입니다. 이것은 태양계의 다른 행성들을 모두 합쳐 놓

첫째 날

둘째 날

셋째 날

넷째 날

다섯째 날

여섯째 날

일곱째 날

은 질량 중 2/3 이상을 차지할 정도예요.

쌤은 목성의 매력은 단연 목성의 위성에 있다고 생각해요. 갈릴레이가 발견한 4대 위성을 비롯해 실제 확인된 것만 63개나 되는 위성들은 각기 다른 크기와 특징을 지니고 있어 작은 태양계라고 할 만하답니다. 이 부분에 대해선 다시 이야기할게요.

목성의 대적점

여기서 잠깐, 목성 사진을 한번 볼까요? 목성에는 적도와 평행한 검고 붉은 줄무늬가 있어요. 목성에는 대기의 성분이 서로 다른 구름층이 있는데, 목성의 자전 속도가 워낙 빠르다 보니 이런 식으로 무늬가 나타난 거랍니다.

사진을 다시 자세히 보세요. 목성 아랫부분에 있는 점이 보이나요? 이건 이탈리아의 천문학자 카시니가 1665년 처음 발견한 붉은 반점, 대적점(Great Red Spot)이라고 합니다. 그후 보이저 1호와 2호의 관측에 의해 대적점은 지구의 5배나 되는 크기의 구름 폭풍 내지 구름 소용돌이라는 것이 밝혀졌어요.

지구에서 구름과 태풍이 변하는 것처럼 지구의 5배라고는 했

목성

목성의 대적점

지만 목성의 대적점도 크기나 색깔이 변한답니다. 클 때는 지구 3∼4개가 들어갈 정도이고, 작아지더라도 지구 크기만 하지요. 아, 지구가 작은 행성이라는 게 더욱 실감나네요.

토성은 그 주위를 둘러싼 고리로 유명한 행성입니다.

토성

이것은 수많은 작은 고체 알맹이가 마치 위성이 행성 주위를 공전하듯 토성의 둘레를 공전하고 있는 것이지요. 그러나 이 고리 각 부분의 공전 속도가 다른 것을 볼 때 하나의 원반 같은 것은 아니라고 하네요.

갈릴레이는 처음 토성을 관측하고는 '토성에 귀가 있다'고 말했습니다. 나중에 네덜란드의 천문학자 호이겐스에 의해 그 귀가 바로 고리였다는 사실이 밝혀졌지요.

그런데 호이겐스는 정작 이러한 생각을 처음에는 말하지 못했다고 해요. 지구가 돈다고 말했다가 재판에 회부되는 시대였으니 미친 사람 취급을 받을까 봐 걱정되었던 거죠.

그리고 시간이 좀더 흘러 1675년 카시니가 더 좋은 망원경을 이용해 토성 고리의 실체를 밝혀냈습니다. 게다가 그 고리가 하나가 아니라 여러 개라는 것도 발견했답니다.

현재 우주선을 통해 밝혀진 토성의 고리 수는 1만 개가 넘는다고 하네요. 와, 처음에 귀로 생각했던 것의 정체가 1만 개가 넘

첫째 날

둘째 날

셋째 날

넷째 날

다섯째 날

여섯째 날

일곱째 날

는 고리라는 사실을 밝혀내다니…… 과학자들, 정말 존경스럽습니다.

토성은 고리뿐 아니라 대기를 가지고 있는 위성도 있어요. 토성의 위성 중 가장 큰 타이탄이지요. 이게 뭐 그렇게 대단하냐고요? 우리 태양계의 제일 작은 행성인 수성도 가지지 못한 대기를 고작 위성이 가지고 있으니 얼마나 놀라운 일이에요.

게다가 대기의 구성이 원시지구와 비슷하고 메탄의 바다로 추측되는 지형도 발견되어 생명체가 존재할 가능성을 많이 지니고 있답니다. 그래서 세계의 많은 과학자들이 타이탄에 관심을 갖는 거랍니다.

지금까지 인간의 눈으로 관측이 가능한 행성들을 소개했어요. 약 2,000년 동안 태양계의 행성은 지구 외에 5개라고 생각한 것도 이제 소개할 천왕성과 명왕성이 눈에 보이지 않았기 때문이죠. 그런데 눈에 보이지 않는데 어떻게 발견하게 된 걸까요?

토성 발견 후 그 궤도를 관측하던 천문학자들은 관측된 대로 토성이 궤도운동을 하려면 그에 영향을 주는 다른 행성이 토성보다 바깥쪽에 있어야 한다고 결론을 내렸습니다. 그리고 새로운 행성이 있어야 할 위치와 질량까지 예측하게 이르렀지요. 이제 그 행성을 눈으로 확인하는 일만 남았는데, 엉뚱하게도 그것은 천문학자가 아닌 음악가에 의

천왕성

해 이루어졌답니다. 그것이 바로 천왕성입니다.

　1781년 음악가이자 아마추어 천문가인 허셜과 그의 여동생 캐롤라인은 지름 15cm의 반사망원경을 직접 만들어 두 달 동안 하늘을 관측했습니다. 그러던 4월, 새로운 천체를 발견하게 됐지요. 처음에는 그 천체가 너무 밝아서 꼬리가 아직 발달되지 않은 혜성일 거라고 생각했다고 해요. 어쨌든 그 결과를 학회에 보고했는데 어떻게 되었을까요?

　학계의 천문학자들은 허셜 남매가 발견한 천체를 이리저리 면밀하게 조사한 후 새로운 행성이라고 결론 내렸습니다. 그러고는 이 천체로 말미암아 태양계의 넓이가 4배 이상 확대되었다며 모두 기뻐했다는군요.

　이처럼 축복 속에서 발견된 천왕성은 이후 과학이 발달하면서 15개의 위성과 10개의 고리를 거느리고 있다는 사실이 밝혀졌어요. 가만 보면 천왕성은 토성의 축소판 같죠?

　이제 여덟 번째로, 태양계의 마지막 행성인 해왕성에 대해 살펴볼까요?

　해왕성을 찾아가려면 멀고 긴 여행을 견뎌야 합니다. 태양에서 지구까지 거리의 10배나 되는 해왕성까지의 거리를 빛의 속도로 달린다 해도 1시간 20분이나 걸리거든요. 천왕성과 쌍둥이 행성으로도 불리

해왕성

첫째 날

둘째 날

셋째 날

넷째 날

다섯째 날

여섯째 날

일곱째 날

는 해왕성은 천왕성 발견 후 정확한 궤도의 계산에 의해 발견되었답니다. 토성의 궤도로 천왕성의 존재를 추측한 것처럼, 천왕성의 궤도를 계산해 또 다른 행성이 있을 거라 가정한 거지요.

해왕성 하늘 위에는 수소와 메탄으로 된 구름의 소용돌이가 몰아쳐서 파란 빛을 냅니다. 그리고 천왕성의 쌍둥이 행성이라는 별명답게 고리도 가지고 있고, 13개의 위성도 거느리고 있답니다.

지금까지 수성부터 해왕성까지 태양계의 행성들에 대해 이야기했어요. 그런데 뭔가 빠진 것 같지 않아요? 그래요, 얼마 전까지만 해도 태양계의 마지막 행성으로 불렸던 명왕성이 빠졌어요. 명왕성은 지금 소행성 134340이라는 새로운 이름을 갖게 되었습니다.

1930년 미국의 천문학자 톰보가 발견한 이 천체는 태양으로부터 가장 멀리 있는 아홉 번째 행성으로 크기가 지구의 1/1000 정도밖에 안 되는 너무나 작은 행성이에요. 이 행성에 대해서는 알려진 것이 거의 없었을 정도로 너무 작고 멀리 있었지요.

그런데 1997년 톰보가 세상을 떠난 직후 명왕성을 태양계에서 퇴출시키자는 의견이 본격적으로 거론되었습니다. 그러다 결국 2006년 8월 국제천문연맹(IAU)의 결정으로 명왕성은 행성으로서의 지위를 잃고 아주 작은 별이라는 뜻의 '왜소행성'으로 격하되는 일이 일어난 겁니다.

명왕성이 행성으로서 적합하지 않았던 것도 사실이랍니다. 명왕성이 처음 발견될 당시에는 지금처럼 정밀한 망원경이 없었기 때문에 행성으로 인정받는 과정에서 큰 반대가 없었어요. 하지만 그 이후 관측기술이 발전하면서 명왕성 정도의 크기인 천체들이 많이 발견되었고, 명왕성을 계속 행성으로 인정하려면 더 많은 천체의 등급을 행성으로 올려야 하는 문제가 생긴 거죠.

그 대표적인 천체가 내심 태양계의 행성 가족이 되리라 기대했던 카론과 케레스, 제나입니다. 하지만 명왕성이 왜소행성으로 강등되면서 명왕성의 위성인 카론(Charon, 저승 뱃사공)과 화성과 목성 사이의 소행성 케레스(Ceres, 풍작의 여신), 해왕성 바깥에 위치한 제나 역시 명왕성과 마찬가지로 왜소행성으로 분류되었답니다.

그런데요, 명왕성의 퇴출이 미국과 유럽이 우주탐사의 주도권을 다투는 과정에서 발생했다는 이야기가 있어요. 그래서 일부 천문학자들은 퇴출 결정을 번복해야 한다고 주장할 정도로 아직 명왕성을 둘러싼 논란은 끝나지 않고 있답니다.

특히 미국은 2006년 초에 명왕성과 그 위성을 관측하기 위한 목적으로 무인 탐사선 '뉴호라이즌스'를 발사한 상태였으니 미국으로서는 뒤통수를 맞은 듯한 기분이었을 거예요. 뉴호라이즌

친절한 카리스마

행성의 기준

명왕성의 예에서 본 것처럼 행성도 아무나 되는 게 아니에요. 태양계의 천체가 행성이 되려면 일단 태양 주위를 돌아야 합니다. 그리고 충분한 질량을 가지고 있어서 자체 중력으로 구형의 형태를 유지해야 하지요. 또한 다른 행성의 주위를 도는 위성이어서는 안 된다는 기준이 있습니다.

첫째 날

둘째 날

셋째 날

넷째 날

다섯째 날

여섯째 날

일곱째 날

스에는 명왕성, 아니 소행성 134340을 처음 발견한 톰보의 뼛가루도 실었다고 해요.

지금도 우주 공간을 날아가고 있는 뉴호라이즌스가 소행성 134340의 인근 1만 km까지 도달하는 것은 2015년 7월이라고 해요.

행성으로 인정하든 왜소행성으로 인정하든 여전히 태양의 주위를 돌고 있는 명왕성 아니 소행성 134340과 그를 향해 지금도 우주 공간을 열심히 날아가는 뉴호라이즌스를 생각하니 쌤은 좀 안타깝네요.

첫째 날

둘째 날

셋째 날

넷째 날

다섯째 날

여섯째 날

일곱째 날

이번에는 우리 태양계의 작은 천체들에 대해서 살펴볼까요? 먼저 대표적인 위성들을 알아보죠. 위성은 행성의 주위를 도는 천체를 말합니다. 우리에게 가장 익숙한 위성은 바로 달이죠.

자, 말이 나온 김에 노래 〈달〉이나 한번 불러 볼까요? 다 함께 불러요. 시~작!

"달 달 무슨 달 쟁반같이 둥근 달 어디 어디 떴나 남산 위에 떴지."

분위기도 업됐으니 이제 설명을 시작할게요.

달은 우리 인간이 발을 디딘 유일한 외계 천체입니다. 달의 실체를 알기 전 사람들은 달을 보며 그 속에 방아를 찧는 토끼와 계수나무가 있을 거라고 상상했습니다. 혹은 인간과는 다른 외계인의 존재를 생각하기도 했고요. 눈에 분명하게 보이지만 잡을 수는 없는 달은 그만큼 신비로운 존재였던 거죠.

그러던 것이 과학기술의 발전에 힘입어 1969년 7월 우주인 암스트롱과 올드린에 의해 마침내 달의 신비스런 베일이 벗겨집니다. 이후 여러 차례의 달 탐사로 더욱 많은 정보를 얻게 되었지요. 인류 최초로 달 표면에 발을 디딘 암스트롱과 올드린은 얼마나 가슴이 두근거렸을까요?

그런데 달에는 사람들이 궁금해하던 토끼며 계수나무, 외계인은 존재하지 않았답니다. 게다가 공기나 물도 없는 삭막한 천체

달의 앞면과 뒷면

였어요.

꼭 토끼 같아 보이던 지역은 사실 현무암질로 되어서 상대적으로 어두워 보였던 거랍니다. 이 지역에는 '바다' 라는 이름이 붙었지요. 바다는 달의 앞면에서는 31.2%, 뒷면에서는 2.6%를 차지하며 35억 년 전쯤 생성된 것으로 추정됩니다.

달은 자전주기와 공전주기가 같아서 우리가 사는 지구에서는 달의 앞면만 볼 수 있답니다. 반면 태양과 지구와의 위치에 따라 초승달과 반달, 보름달, 그믐달 등 여러 모양으로 보이지요. 달의 모양이 변화하는 주기를 활용한 음력은 현재까지 생활 속에서 유용하게 쓰인답니다.

이번에는 목성의 위성을 보기로 해요. 목성은 확인된 것해도 63개나 되는 위성을 거느리고 있어요. 그 중에서도 갈릴레이가 자신이 만든 망원경으로 관측한 이오와 유로파, 가니메데, 칼리스토 등의 위성이 유명합니다. 이들을 가리켜 '갈릴레이의 4대 위성' 이라고 부르지요.

이오는 매우 활발하게 화산활동을 하고 있습니다. 지난 2006

목성의 4대 위성

년에 발사된 뉴호라이즌스는 이오가 화산폭발을 하는 생생한 장면을 찍어 지구로 전송했어요. 3개의 화산이 동시에 폭발했는데, 그 중 하나는 화산 분출물이 무려 300km까지 올라간 것도 있었답니다.

이오가 화산활동을 하는 반면, 가장 작은 유로파는 표면이 100km가 넘는 얼음으로 덮여 있습니다. 차디찬 천체, 이오와는 정반대지요?

가니메데는 태양계에서 가장 큰 위성으로, 행성인 수성보다 덩치가 크답니다. 그리고 표면이 얼음으로 덮여서 투명해 보이기도 하지요.

마지막으로 칼리스토의 표면에는 여기저기 움푹 파인 자국(크레이터)이 많답니다. 아마도 칼리스토가 생성될 무렵 운석이 많이 떨어졌나 봅니다.

목성의 위성을 단 4개만 봤는데도 각각 개성이 있는 것 같죠? 목성의 크기로 보나 거느린 위성으로 보나 작은 태양계라 할 만해요.

첫째 날

둘째 날

셋째 날

넷째 날

다섯째 날

여섯째 날

일곱째 날

여러분은 밤하늘을 바라보며 어린 왕자가 살고 있다는 소행성은 어디쯤일까 생각해 본 적이 있나요? 쌤은 '소행성' 하면 어린 왕자의 별이 제일 먼저 생각나요. 어렸을 때에는 소행성이 무엇인지 잘 모른 채 그냥 어린 '왕자가 사는 별인가 보다'라고 생각했어요.

소행성이란 한마디로 태양의 주위를 돌지만 행성보다 작은 천체를 말합니다. 현재까지는 행성이 생성되는 과정에서 남은 물질들이 모여 소행성 그룹을 이룬 것으로 추정해요. 그래서일까요? 충분한 질량이 없는 소행성들은 행성처럼 구형을 유지하는 것이 많지 않아요.

대부분의 소행성은 화성과 목성 사이에서 무리를 지어 돌고 있어요. 태양에서부터 소행성 그룹까지의 거리는 약 2.2~3.3AU이랍니다. 앗, 처음 보는 단어가 나와서 당황했나요?

AU는 천문에서 거리를 나타내는 척도예요. 보통 1AU는 지구와 태양과의 거리인 1억 5,000만 km를 얘기한답니다. 그러니까 소행성들은 지구와 태양까지 거리의 두 배 정도 되는 곳에 존재하는 거죠.

친절한 카리스마

한국인의 이름을 딴 소행성

1996년 아마추어 천문가 와타나베 가즈오 씨가 자신이 새로 발견한 소행성의 이름을 '세종'이라고 명명하였습니다. 이는 세종대왕의 천문학에 대한 높은 업적을 기리기 위해서라고 하네요. 한편 1998년 한국인에 의해 최초로 발견된 소행성에는 '통일'이라는 이름을 붙였답니다. 이 외에도 한국인의 이름을 딴 소행성으로는 '최무선별', '이천별', '장영실별', "이순지별", "허준별" 등이 있지요.

아, 소행성들이 모두 일정한 궤도를 지키는 건 아니에요. 때에 따라서는 수성보다도 태양에 가까이 접근하기도 하고, 천왕성 궤도까지 멀어지기도 합니다. 이렇게 소행성의 다양한 궤도가 지구를 위협하는 요소가 되기도 합니다.

지구 가까이 접근하는 천체들을 통칭해 '지구접근천체'(NEO, Near Earth Object)라고 하는데, 그 중에서 지구를 위협할 만한 것은 지름이 150m 이상 되는 천체입니다. 이보다 작은 것들은 지구의 대기권을 지나면서 타버리기 때문에 지구를 위험에 빠뜨리지 않는 거죠.

중생대에 전성기를 누렸던 공룡을 멸망시킨 것도 궤도를 이탈한 소행성이 지구와 충돌했기 때문으로 추측한답니다.

그런데 만일 영화 〈딥 임팩트〉나 〈아마겟돈〉처럼 소행성 때문에 지구가 위험한 상황에 처한다면 여러분은 어떻게 할 건가요?

실제로 소행성 아포피스는 2036년에 지구에 떨어질지도 모른다고 해요. 아포피스가 지구와 충돌할 경우 히로시마에 떨어졌던 원자폭탄의 약 3만 배에 달하는 에너지가 발생한다고 하는데 상상이 가나요?

구체적으로 얘기해 볼게요. 이 소행성이 육지에 충돌하면 수천 km²에 해당하는 지역이 초토화되며 중심부의 수십 km²는 완전히 증발한답니다. 한편 바다에 충돌한다면 해일이 일어나 육지에 떨어졌을 때보다 훨씬 광범위한 지역에 피해를 미친다는군요.

물론 예상되는 충돌을 피하기 위해 우주선을 발사해서 아포피스의 궤도를 수정하거나 핵폭탄을 사용해 아예 제거하는 방안

첫째 날

둘째 날

셋째 날

넷째 날

다섯째 날

여섯째 날

일곱째 날

소행성 아포피스의 예상 진로

등이 논의되고 있다고 해요. 아포피스가 지구와는 아주 멀리 떨어진 곳으로 지나갔으면 하네요.

　이제 혜성을 소개해 볼게요. 혜성 역시 행성이나 소행성처럼 태양 주위를 도는 천체지만 다른 것과는 달리 뒤에 빛나는 꼬리를 달고 있어요. 영어로 '코밋'(comet)이라고 하는데 머리털을 의미해요. 아무래도 혜성의 긴 꼬리를 보고 붙인 이름 같죠?

　혜성은 겉으로 보기엔 멋지지만 사실 알고 보면 더러운 눈사람처럼 생겼어요. 혜성은 핵과 코마, 꼬리로 구성되는데, 핵은 얼음과 먼지로 이루어져 있어요.

　혜성이 태양에 가까워지면 핵의 온도가 높아져서 얼음이 녹고 휘발성분이 증발하여 핵 주위에 뿌연 구름을 만들어내요. 이 뿌연 구름이 바로 코마예요. 이것이 태양풍(태양의 고온의 압력 때문에 태양에서 밀려오는 전자, 양성자, 헬륨원자핵 등의 흐름)의 영향으로 길

게 뻗어 나가면서 꼬리를 만
드는 것이지요.

혜성의 모습

혜성에는 주기적으로 되돌
아오는 단주기혜성과 왔다가
사라지는 비주기혜성도 있습
니다. 단주기혜성이란 2~200
년의 공전주기를 갖는 혜성을
말하는데, 영국 천문학자였던 E. 핼리의 공적으로 주기가 있는
혜성이 있다는 것이 밝혀졌죠. 그리고 비주기혜성이란 한번 나
타났다가 태양열에 의해 부서지는 바람에 두 번 다시 나타나지
않는 혜성을 얘기하는 거예요. 혜성은 해마다 10개 정도씩 관측
되는데 이 중 평균 4개는 새로운 혜성이고 나머지는 단주기혜성
이라고 해요.

새로운 혜성이 발견되면 미국 스미소니언 박물관에 있는 미국
국립항공우주박물관으로 보냅니다. 그곳에서 혜성으로 확인되
면 근일점을 통과한 연도와 통과 순서대로 번호가 부여되지요.

단주기혜성은 몇 번씩 회귀하더라도 최초로 발견한 사람의 이
름으로 부르는 것이 원칙인데, 가장 유명한 혜성은 76년마다 우
리 지구를 찾아오는 핼리 혜성이에요. 이것을 처음 발견한 핼리
는 이 혜성이 다음에 나타날 시기를 정확히 예언했어요. 핼리 혜
성은 1986년에 나타났으니 또 그 모습을 보는 건 2062년이 되어
야 가능하겠죠?

그런데 혜성의 아름다운 꼬리는 자기 몸을 태워야 나타나는

첫째 날

둘째 날

셋째 날

넷째 날

다섯째 날

여섯째 날

일곱째 날

것이어서 시간이 지날수록 꼬리가 점점 작아질 수밖에 없어요. 그래서 1986년에 핼리 혜성이 나타났을 때 예전의 아름다운 모습을 기대했던 사람들은 무척 실망했답니다. 2061년에 지구를 다시 방문했을 때는 꼬리가 아예 없을지도 모르겠네요.

그리고 1996년 1월 31일 일본의 아마추어 천문가 유지 햐쿠타케가 처음으로 발견한 햐쿠타케 혜성이 있어요. 이 혜성은 육안으로 관측한 혜성 중 '가장 꼬리가 긴 혜성'으로 뽑혔답니다. 햐쿠타케 혜성의 꼬리가 얼마나 길기에 그럴까요?

짜잔, 이 혜성의 꼬리는 자그마치 5억 2,800만 km, 즉 지구에서 태양까지 거리의 약 4배나 되는 길이였다고 해요. 그 긴 꼬리 덕분에 이 혜성은 하룻밤 반짝 하고 사라진 게 아니라 지구촌 곳곳에서 3개월 동안이나 아름다운 모습을 볼 수 있었답니다.

한편 '대혜성'이라고도 부르는 헤일 봅 혜성도 있답니다. 이 혜성은 지름이 무려 40km로 핼리 혜성보다 1,000배나 밝아요. 1997년, 장장 1년 동안이나 밤하늘을 화려하게 장식했던 헤일 봅 혜성은 지금은 태양으로부터 약 6억 4,000만 km나 떨어져 있어 망원경 없이는 살펴볼 수 없다고 해요. 헤일 봅 혜성은 태양계 바깥쪽으로의 여행을 마치고 5400년쯤에나 다시 볼 수 있다고 하네요.

혜성처럼 멋진 꼬리 때문에 아름다운 것이 또 하나 있는데, 별똥별! 바로 유성입니다. 한 번 보면 평생 그 환상적인 모습을 잊지 못하는 별똥별을 보면서 소원을 빌면 이루어진다는 이야기도 있지요.

　태양계 내를 임의의 궤도로 움직이고 있는 암석 덩어리를 유성체라 해요. 즉 태양계 내에 있는 천체 중에서 다른 것에 비해 상대적으로 작은 파편들과 같은 덩어리를 말합니다. 이 유성체가 행성의 대기를 지나게 되면 가열되어 없어지거나 부분적으로 타게 됩니다. 이렇게 타거나 소멸되면서 남기는 흔적이 바로 유성이랍니다. 그러나 이때 완전히 소멸되지 않고 땅에 떨어지는 것이 있는데, 이것이 운석이에요.

　여기서 잠깐! 혜성과 유성의 차이점을 눈치챘나요? 혜성은 지구 밖에서 꼬리를 만들며 우주를 지나가는 것이고, 유성은 지구 안으로 들어와서야 비로소 꼬리가 생긴 거랍니다.

　세계 곳곳에는 운석이 떨어질 때의 충격으로 생긴 운석 구덩이가 있어요. 그 중 가장 큰 운석 구덩이는 미국의 애리조나 주 북쪽에 있다고 해요. 이것은 2만 년 전에 낙하한 것으로 추측되

운석 구덩이

첫째 날

둘째 날

셋째 날

넷째 날

다섯째 날

여섯째 날

일곱째 날

는데 지름이 1,280m이고 깊이가 174m나 된답니다. 이 정도의 구덩이가 만들어지려면 6만 톤의 운석이 떨어져야 한다는 군요. 그 당시 몇 킬로그램짜리 작은 광물 조각들만이 주변에서 발견 되었다고 해요.

현재까지 발견된 운석은 약 1,600개 정도인데 그 중 반 정도 는 땅으로 떨어지는 것이 관측되었다고 합니다.

이제까지 태양에서부터 작은 바위 덩어리인 유성체까지 태양 계의 식구들을 모두 살펴보았어요. 여섯째 날에는 과학이 발전 할수록 더 많이 아파하는 지구에 대해 이야기하기로 해요.

↑↑↑ 지식 업그레이드

헤일과 봅의 공동작품 '헤일 봅 혜성'

1995년 7월 22일 미국의 뉴멕시코 주에 살던 헤일은 궁수자리에 있는 구 상성단을 관측하다가 혜성으로 보이는 천체를 발견하게 된다.

헤일이 이 천체를 발견하던 날, 미국의 애리조나 주에 있던 봅도 친구들과 함께 관측을 즐기고 있었다. 그는 천문학의 전문가도 아니고, 자기 소유의 망 원경도 없었지만 하늘의 매력에 푹 빠진 사람이었다. 그날 궁수자리 주위의 별 을 관측하던 봅은 그 근처에서 흐리고 어두운 천체를 발견한 것이다.

각자 다른 곳에서 같은 천체를 발견한 두 사람은 새로운 혜성일지도 모른 다며 흥분에 휩싸였다. 헤일과 봅은 즉시 아마추어 천문가들의 관측기록을 프 로 천문학자들과 연결해 주는 IAUC에 이 사실을 알렸다. 그리고 다음 날 아 침 두사람은 각자 새로운 혜성의 발견을 축하하는 메시지를 받았다.

사실 실제 발견은 봅이 조금 빨랐지만 발견 소식은 헤일이 먼저 알려서인 지 혜성의 이름이 '봅 헤일'이 아닌 '헤일 봅'이 되었다.

여섯째 날 | 위험에 처한 지구

6

지구온난화

오늘은 조금 심각한 이야기를 해볼까요? 지금까지 공부하는 자세로, 혹은 편안한 마음으로 쌤과 함께했다면 이제부터는 마음이 불편할지도 모릅니다. 어떤 친구들은 이 이야기를 무심히 넘길 수도 있겠지만 많은 친구들이 반성하고 어떤 깨달음을 얻었으면 하는 마음입니다.

무슨 이야기냐고요? 바로 우리 지구가 처한 위기에 대한 이야기랍니다.

기후 좋은 나라에서 학교를 오가며 공부하느라 분주한 여러분은 잘 모르겠지만 지금 지구상에는 심각한 일들이 벌어지고 있습니다. 지구 한편에서는 '노아의 방주'에 나오는 대홍수를 방불케 하는 엄청난 양의 폭우와 홍수가, 그 반대편에서는 곡식과 숲이 타 들어가는 극심한 가뭄이 계속되고 있지요.

대기를 정화하는 데 있어 '지구의 허파' 역할을 해온 아마존의 열대우림 지역과 인도네시아가 불길에 휩싸인 사건도 있었습니다. 이로 인해 아마존에서만 남한 면적의 절반이 넘는 5만 5,000km²의 삼림이 잿더미로 변했고, 인도네시아와 말레이시아를 비롯한 동남아 각국의 하늘은 검은 연기와 안개로 뒤덮이고 말았습니다.

열흘 동안 폭우가 계속된 중동부 유럽에서는 수만 명이 집을 잃었고, 체코는 전 국토의 1/3이 물에 잠기기도 했습니다. 그런가 하면 전 지구를 휩쓴 엘니뇨가 수만 명의 사망자를 내고 엄청난 경제적 손실을 입히는 사이, 파푸아뉴기니에서는 금세기 최대의 해일이 발생하고 멕시코에서는 단 3시간 동안의 폭우로 300여 명이 사망하거나 실종되기도 했습니다.

첨단의 문명을 일구어 낸 선진국도 자연재해에서 예외가 아닙니다. 매년 미국에서는 엄청난 위력의 토네이도가 들이닥쳐 수많은 도시들을 일순간에 폐허로 만들고 있습니다. 가히 전 지구적인 규모의 기상이변이 지금 이 순간에도 벌어지고 있는 것입니다.

이러한 기상이변을 자연 현상이라며 그냥 두고 보기에는 인간이 일으킨 문제가 너무 큽니다. 산업발달과 마구잡이식 자연개발로 인한 환경오염이 기상이변의 가장 큰 원인으로 지적되고 있으니까 말이죠.

요즘 들어 '지구온난화'는 우리에게 너무 익숙한 단어가 되고 말았습니다. 여러분도 지구가 더워지고 있다느니, 빙하가 녹고 있다느니 하는 소리를 많이 들었을 테지요? 혹시 너무 많이 들어서 아무렇지 않게 느끼는 건 아닌지 가끔은 걱정이 될 정도입니다.

지구의 온도가 도대체 얼마나 중요하기에 지구온난화를 걱정하는 목소리가 높은 걸까요? 그 실마리는 태양계의 행성 중 현재로서는 유일하게 지구상에만 생명체가 존재한다는 사실에서 찾아야 할 것입니다. 앞에서 열심히 공부한 학생이라면 그 이유가

첫째 날

둘째 날

셋째 날

넷째 날

다섯째 날

여섯째 날

일곱째 날

무엇인지 짐작할 수 있을 테지요. 물론 이유는 아주 많습니다. 하지만 무엇보다 중요한 것은 지구가 적당한 온도를 유지하고 있다는 사실이지요.

지구는 평균 기온 15°C로, 인간이 활동하기에 가장 적당한 온도를 가지고 있는 행성입니다. 이게 다 지구가 적당한 수준의 대기권으로 둘러싸여 있는 덕분이지요. 지구의 대기권은 태양으로부터 받은 태양 복사에너지(물체에서 방출되는 전자기파의 에너지)를 흡수하여 이를 다시 지구 복사에너지의 형태로 방출하는 역할을 합니다.

지구에 대기가 없다고 생각해 보세요. 태양으로부터 받은 에너지가 죄다 빠져나가고 말겠지요? 하지만 지구의 대기는 지표면에서 방출하는 지구 복사에너지를 흡수하여 대기 중에 묶어 둠으로써 에너지가 우주 공간으로 그대로 방출되는 것을 막아 줍니다. 덕분에 지표면을 따뜻하게 보온할 수 있는 것이죠. 이것을 대기의 온실효과라고 합니다.

자, 간단한 실험을 하나 소개할게요. 주위에서 쉽게 구할 수 있는 스티로폼 상자를 2개 준비합니다. 하나는 유리판이나 셀로판 종이로 윗면을 덮고 다른 하나는 뚜껑을 덮지 않습니다. 그런 다음 같은 양의 햇빛을 받을 수 있는 곳에 두고 상자 내부의 온도를 지속적으로 측정합니다. 간단하죠? 자, 그럼 각자 결과를 한번 예상해 보세요.

네, 여러분의 추측대로 뚜껑을 덮은 스티로폼 상자의 내부 온

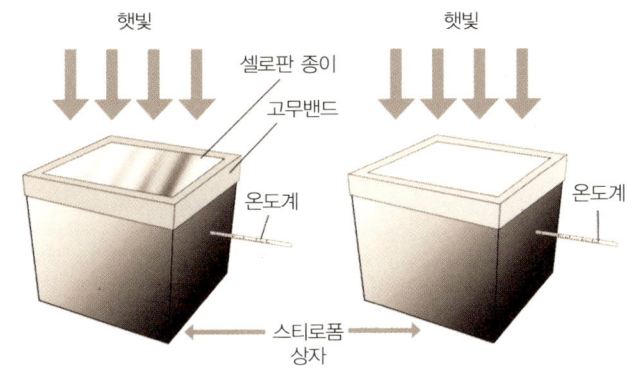

햇빛　　　　셀로판 종이　　　　햇빛
　　　　　　고무밴드
온도계　　　　　　　　　온도계
스티로폼
상자

셀로판 종이를 덮은 스티로폼 상자　　　셀로판 종이를 덮지 않은 스티로폼 상자

도가 훨씬 더 올라갑니다. 셀로판 종이 또는 유리판이 온도를 높인 요인이겠죠?

　그런데 우리 지구의 대기에도 온실의 비닐이나 유리 역할을 하는 기체가 있습니다. 지구의 대기는 대부분 질소와 산소로 이루어져 있는데, 이 두 가지를 제외한 수증기와 이산화탄소, 메탄 등이 바로 온실효과를 일으키는 성분입니다. 이른바 온실기체들이죠.

　사실 온실효과는 지구가 적정한 온도를 유지하는 데 없어서는 안 될 아주 중요한 현상입니다. 온실효과가 없다면 지구의 평균 온도는 현재보다 32°C 가량 낮아질 테니까요.

　그런데 온실효과가 어쩌다 골치덩어리가 되었을까요. 그 주범은 바로 이산화탄소 때문입니다. 아니, 여기서도 한 가지 오해는 풀고 넘어 가야겠군요. 실제로 이산화탄소가 온실효과에 미치는

첫째 날
둘째 날
셋째 날
넷째 날
다섯째 날
여섯째 날
일곱째 날

영향력은 다른 온실기체들에 비하면 미미한 편입니다.

앞에서 말했듯이 온실기체에는 이산화탄소와 아산화질소(일산화이질소), 프레온가스, 메탄 등이 있습니다. 온실효과를 유발하는 정도로 볼 때, 이산화탄소 1ppm 기준 하에 같은 농도의 프레온은 6,000배, 아산화질소는 290배, 메탄은 21배에 달하는 영향력을 발휘합니다.

하지만 다른 기체들과 달리 인간의 활동에 의해 발생되는 이산화탄소의 양이 워낙 막대하기 때문에 온난화의 주범으로 떠오른 거랍니다. 실제로 온난화에 대한 이산화탄소의 기여도는 대략 55% 정도로 추정되고 있습니다. 특히 산업발달로 인한 석탄, 석유, 천연가스 등 화석연료의 사용 증가는 이산화탄소 발생량을 늘리고, 이것이 온실효과를 더욱 가중시켜 이상 고온에 의한 지구온난화를 촉진시키고 있지요.

지구온난화를 우려하는 가장 큰 이유는 무엇일까요? 지구온난화의 문제점은 아주 많지만 그 중에서도 가장 큰 걱정거리는 빙하의 녹음에 따른 해수면의 상승입니다. 실제로 현재 남극의 빙산은 1년에 약 1조 톤이라는 엄청난 양의 얼음덩어리를 방출하고 있습니다.

지난 100년 동안 지구 표면 대기의 평균온도는 0.3~0.6°C 상승하고 해수면 높이는 10~25cm 상승했습니다. 그런데 지금의 추세대로라면 2100년에는 지구의 평균 기온이 0.8~3.5°C 상승하고 해수면은 15~95cm 높아질 것으로 예측하고 있습니다.

남극 대륙 빙하의 붕괴

감이 쉽게 안 오나요? 만약 해수면이 1m 상승하게 되면 방글라데시 같은 낮은 지대의 나라들은 지도상에서 사라지고 맙니다. 또한 전 세계 대부분의 해안이 피해를 입게 되지요. 우리나라 역시 예외는 아닙니다. 서해안과 남해안 모두 침수되고 말테니까요.

해수면의 상승으로 인한 피해는 먼 훗날의 이야기가 아닙니다. 남태평양 피지 인근의 투발루는 인구 1만 명에 면적 $26km^2$, 해발 높이가 평균 2m에 지나지 않는 작은 섬나라입니다. 이 나라는 해수면 상승으로 해일이 빈번하게 일고 우물에 바닷물이 밀려 들어 오는 등 이미 서서히 물에 잠기고 있습니다. 매년 약 5.5mm 씩 바닷물이 차오르고 있어 이르면 50년, 늦어도 100년 후면 투발루는 가라앉고 말 거라고 과학자들은 경고하고 있지요.

하지만 이는 투발루만의 문제가 아닙니다. 투발루의 국토 포기 선언에 이어 파푸아뉴기니의 카르테트나 남태평양의 타쿠,

첫째 날

둘째 날

셋째 날

넷째 날

다섯째 날

여섯째 날

일곱째 날

인도양의 몰디브에서도 국민 전체가 다른 나라로 이주해야 하는 상황에 대비하고 있지요. 시간차가 있을 뿐 이는 우리 모두에게 일어날 심각한 문제임이 분명합니다.

지구온난화로 인한 문제는 또 있습니다. 지구의 기온이 높아지면서 질병이 급속도로 확산될 수 있다는 우려가 그것이지요. 세계보건기구에 따르면 기온이 2°C 올라갈 때마다 모기가 살 수 있는 지역은 40~60% 늘어난다고 합니다. 실제로 지구온난화에 따른 기온 상승으로 병원균이나 모기의 매개로 발생하는 말라리아, 뇌염, 댕기열, 콜레라와 같은 열대성 질병들이 이미 지구의 45% 이상의 지역에서 발생하고 있습니다.

지구의 온도가 올라가면서 생기는 문제는 여기서 끝나지 않습니다. 다음에는 지구온난화로 인한 이상기후에 대해 알아보겠습니다.

친절한 카리스마 -

일상생활에서 이산화탄소를 줄일 수 있는 방법은 다음과 같습니다.
① 일반 전구를 형광등으로 바꿔 사용하기
② 승용차 대신 대중교통 이용하기
③ 쓰레기를 자원으로 재활용하기
④ 따뜻한 물 덜 사용하기
⑤ 상품 포장 줄이기
⑥ 지나친 냉난방 삼가기
⑦ 나무 심고 가꾸기

"요즘 날씨가 왜 이래?" "무슨 날씨가 이렇게 변덕스럽지?" 요즘 이런 이야기가 너무 자주 들리죠? 전 과학쌤이다 보니, 이런 소리를 하면서도 불평보다는 걱정을 많이 하는 편입니다. 이러다 뚜렷하고 개성 있는 우리의 4계절, 봄과 여름, 가을, 겨울을 잃어버리는 것은 아닐까 우려도 되고, 지독스럽게 더운 여름을 겪고 나니 벌써부터 내년 여름이 걱정스러울 정도죠.

요즘 들어 지구는 여기저기서 이상기후라는 몸살을 앓고 있습니다. 뉴스만 보더라도 폭염, 홍수, 가뭄 등으로 인해 전에 없던 큰 피해를 입었다는 소식들이 연일 이어지고 있죠. 그것도 전 세계적으로 예외 없이 모든 나라에서 말입니다.

영화 〈투모로우〉를 보셨나요? 영화의 초반부에 거의 주먹만 한 크기의 우박이 갑작스레 떨어지던 모습은 참으로 충격적이었죠. 도시를 향해 밀어닥치던 거대한 해일의 모습, 스쳐 지나가기만 해도 모든 것을 꽁꽁 얼어붙게 만들던 차가운 기운……. 기상이변이 가져온 대재앙의 모습이 정말 실감나게 그려졌던 영화였습니다. 실제로 최근 조사에 따르면 1950년 이후로 북극의 얼음 두께가 40% 정도 얇아졌으며, 2050년이 되면 북극에서조차 여름에 얼음을 볼 수 없을 것이라는 예측도 나오고 있습니다.

이상기후라 하면 과거 30년 동안 한 번도 관측되지 않았던 기상현상이 나타나는 경우를 말합니다. 최근 들어 전 세계적으로

첫째 날

둘째 날

셋째 날

넷째 날

다섯째 날

여섯째 날

일곱째 날

나타나고 있는 이상기후의 원인은 단연 지구온난화를 꼽을 수 있습니다. 기온이 상승한 지구가 대기 중에 더 많은 수증기를 머금으면서 예상치 못한 기상재해를 일으키고 있는 거죠.

기상학자들은 온실효과에 의해 기온이 1°C 올라가면 공기가 수증기를 지닐 수 있는 양이 7% 이상 늘어나는 것으로 분석하고 있습니다. 이 때문에 여름엔 후텁지근한 날씨와 잦은 집중호우가 기승을 부리는 한편, 고온다습한 해양에서 발생하기 쉬운 태풍이나 허리케인 등의 위력이 거세질 수밖에 없다는 설명이죠.

지구의 기상현상은 이렇게 대기의 대순환과 깊게 관련돼 있습니다. 대기의 온도에 이상이 생기면 곧 바람이나 해류에도 영향을 주게 되죠.

심지어 2007년 9월엔 사막의 땅 아프리카에서 30년 만에 기록적인 폭우가 쏟아져 270여 명이 숨지고 150만 명의 이재민이 발생하는 재난이 발생한 바 있습니다. 이 폭우로 인해 세네갈과 가나 등 아프리카 서쪽 지역부터 에티오피아, 우간다 등 동쪽 지역에 이르는 중부 18개 국가가 물바다로 변하고 말았죠. 가뜩이나 심각한 이 지역의 식량난을 가중시킨 셈이지요.

그런데 이러한 재해가 발생한 이유로 기상학자들은 라니냐를 지목하고 있습니다. 그럼 여기서 잠깐 요즘 들어 많이 등장하고 있는 엘니뇨와 라니냐에 대해서 이야기해 보도록 하죠.

엘니뇨는 매년 크리스마스 즈음 남미 페루 연안의 바닷물 온도가 올라가는 계절적 현상을 말합니다. 바닷물의 온도가 상승한 현상이 한 달 가량 지속되는 동안 연안 바다에 있던 물고기 떼가 다른 지역으로 이동하게 됩니다. 그래서 고기를 잡을 수 없게 된 어부들은 가족들과 크리스마스를 즐길 수 있게 되지요. '남자아이'라는 뜻의 스페인어 엘니뇨가 '아기 예수'라고 불리는 이유입니다.

그렇지만 최근에는 그 개념이 바뀌어 겨울마다 나타나는 계절적인 현상이 아니라 바닷물의 온도가 수개월 이상 평년보다 높아지는 이상현상을 엘니뇨라고 부릅니다. 요컨대 기상학자들의 경우 열대 태평양 지역의 해수면 온도가 5개월 이상 평년 수온보다 $0.5°C$ 이상 높은 상태를 엘니뇨로 정의합니다.

그럼 엘리뇨 현상은 어떻게 일어나는 것일까요? 아직 정확한 원인은 밝혀지지 않았지만 다음과 같이 이야기할 수 있습니다. 평소 열대 태평양 지역은 동에서 서로 부는 무역풍의 영향으로 서쪽의 수온이 동쪽보다 더 높습니다. 마찬가지로 따뜻한 물층 역시 서부가 동부보다 더 두껍지요. 그런데 무역풍이 약해지면 표층수의 이동이 원활하지 않아 서부의 따뜻한 물층은 평상시보다 더 얇아지고, 동부의 따뜻한 물층은 더 두꺼워집니다. 그래서 동부 열대 태평양 지역의 해수면 온도가 평년보다 높아지는 것이지요.

이러한 엘리뇨의 영향으로 원래 비가 많이 내리던 지역에 가뭄이 들고 비가 내리지 않던 곳에 홍수가 발생하게 됩니다. 1997~1998년 사이 일어난 엘리뇨 현상으로 브라질에서는 극심한 가뭄이 계속되면서 벨기에만 한 크기의 산림이 재로 변했으

첫째 날

둘째 날

셋째 날

넷째 날

다섯째 날

여섯째 날

일곱째 날

159

며, 페루에서는 산간마을에까지 홍수가 일어났지요.

엘리뇨에 의한 피해는 바다도 마찬가지입니다. 해수의 온도가 상승하자 물고기들의 먹이가 되는 플랑크톤이 사라지고, 이것을 먹고 사는 물고기의 수도 급격히 떨어졌습니다. 1997년 캐나다의 남서부 바다에서는 박테리아가 발생하고, 수온의 변화에 따라 물고기의 대이동이 일어나기도 했어요. 그러자 물고기를 잡아먹는 육지 동물들이 굶어죽는 일이 빈번하게 일어났습니다. 바다 생태계가 일대 혼란에 빠진 겁니다.

게다가 다윈이 진화론을 착상할 수 있었던 무대가 되어 준 갈라파고스 제도 역시 엘니뇨에 의한 지속적인 수온 상승으로 생태계가 급속히 파괴되었지요. '살아 있는 화석' 이라고 불리던 바다이구아나가 멸종위기에 처한 것은 물론 참치와 상어마저 먹이와 차가운 바다를 찾아 집단 탈출을 감행하는 통에 갈라파고스 해역은 죽음의 땅으로 전락할 위기에 놓이고 만 것이죠. 공룡의 후예라는 이구아나마저 멸종 위기에 처했다니 안타까운 일이 아닐 수 없습니다.

엘리뇨와는 반대로 적도에 부는 무역풍이 강해져서 서태평양의 해수면 온도가 평상시보다 높아지고, 동태평양의 해수면 온도가 5개월 이상 평년보다 0.5°C 이상 낮은 저수온 현상을 라니냐라고 부릅니다. 라니냐는 '여자 아이' 라는 뜻을 가졌지요.

리니냐가 발생하면 서태평양 일대의 인도네시아, 오스트레일리아, 필리핀 등지에는 홍수가 일어나고, 페루 북부 지방에는 가뭄이 찾아오기도 합니다. 또 평소보다 강해진 무역풍이 페루 주변 바닷물을 강력하게 휩쓸어 가기 때문에 페루 앞바다에는 차가운 바닷물의 용승(수심 200~300m에 해당하는 찬 바닷물이 해면으로 솟아오르는 현상)이 계속되고, 차가운 물이 증발되지 않아 날씨는 더욱 건조해지죠. 더불어 대서양에서는 허리케인이 발생할 확률이 높아집니다.

라니냐가 우리나라에 어떤 영향을 미칠지는 아직 구체적으로 알려진 바가 없습니다. 하지만 가을에 가뭄이 심하고 겨울에는 혹한이 몰아닥칠 가능성이 높다는 게 전문가들의 예상이지요. 기상청에 따르면 라니냐의 세력이 강했던 1967년과 1973년의 경우, 우리나라의 겨울 평균기온은 평년보다 1.1~2.2°C 낮았고, 강수량도 40.3~65.7mm가 적어 춥고 건조한 날씨였다는군요.

세계적으로 엘니뇨나 라니냐에 의한 피해가 점점 커지고 있기는 하지만, 이상기후의 원인이 꼭 엘니뇨나 라니냐 때문만은 아닙니다. 고대의 페루인들이 엘니뇨를 신의 노여움이라고 생각해 제물을 바쳤다고 전해지는 걸로 봐서 하루아침에 나타난 기상이변은 아니라는 뜻이니까요.

일부에서는 엘니뇨와 라니냐가 과거 수천 년 전부터 있었던 자연현상이며, 지구 스스로 극한 추위나 더위로 치닫지 않도록 조절하는 과정에서 발생한다는 견해도 내놓고 있습니다.

어찌됐든 이와 같은 이상기후는 이미, 그리고 앞으로도 우리나라에 영향을 미칠 것으로 보입니다. 심지어 100년 뒤의 서울 날씨가 현재 제주 서귀포와 같아질 것이라는 조심스런 예측도

첫째 날

둘째 날

셋째 날

넷째 날

다섯째 날

여섯째 날

일곱째 날

나오고 있으니까요. 실제로 지난 100년 간 우리나라의 기온은 1.5℃ 상승했으며, 이는 전 세계 평균기온 상승치인 0.6℃의 2배가 넘는 수치입니다.

그 결과 여름 전염병의 봄철 발생률이 증가하는 한편 봄꽃의 개화시기도 빨라졌지요. 이는 곧 겨울이 짧아졌음을 의미합니다. 요컨대 온실기체 배출로 인한 지구온난화의 가속화가 한반도의 급속한 기온 상승에까지 영향을 미치고 있다는 이야기지요.

친절한 카리스마

지구온난화는 기온뿐만 아니라 습도에도 영향을 미칩니다. 1976~2004년까지 지표면의 평균온도는 0.49℃ 상승했고, 습도는 2.2% 증가했다고 합니다. 기온이 1℃ 상승할 때 습도는 약 7% 정도 높아지는 것을 감안할 때, 2100년 즈음에는 습도가 12~24% 정도 높아질 것으로 보입니다.
습도 상승은 기온 상승과 마찬가지로 부작용을 초래할 수 있습니다. 습도가 높아지면 사람들이 느끼는 스트레스 또한 커져 건강을 위협할 수 있지요. 또한 강수량과 더불어 열대성 저기압인 태풍 발생률이 증가할 수 있어 더욱더 큰 피해가 우려된다고 합니다.

사막화

6

봄이 되면 겨우내 얼어붙었던 얼음이 녹고 쌩쌩 불던 겨울바람이 따스한 봄기운 속으로 녹아 화사한 봄꽃들이 여기저기서 꽃망울을 터뜨립니다. 하지만 세상이 온통 부드럽고 화사한 파스텔 톤으로 물들어 가는 봄날을 이 쌤은 좋다고만 이야기하기가 어렵네요. 언제부터인가 봄 하면 기분 나쁜 바람에 대한 걱정이 머릿속에 자리 잡기 시작했거든요.

봄꽃과 새싹이 주는 화사한 느낌들을 밀어내고 이제는 봄의 새로운 대명사가 되어 버린 '황사'에 대해 알아볼 차례입니다.

황사 현상은 봄철이 되어 건조해진 고비 사막과 타클라마칸 사막 등 중국과 몽골의 사막지대 및 황하 상류지대의 흙먼지가 강한 상층기류를 타고 3,000~5,000m 상공으로 올라가 편서풍에 의해 멀리까지 날아가 떨어지는 현상입니다. 황사는 일본과 태평양, 북아메리카까지 날아가는데 유감스럽게도 우리나라가 황사의 대표적인 피해 지역 가운데 하나가 되었습니다.

황사는 호흡기질환을 비롯해 눈질환, 피부질환 등 인체에 직접적인 영향을 미칩니다. 그래서 황사에 가장 직접적인 피해를 입는 우리나라와 일본, 몽골은 중국과 함께 황사 방지에 공동 대응하기로 합의하고 대책을 마련 중이랍니다.

그런데 이 황사 역시 주범은 따로 있지요. 바로 지구를 위협하고 있는 사막화가 그것입니다.

앞에서도 공부했지만 우리 지구는 '물의 행성'이랍니다. 태양계에서 유일하게 바다를 가지고 있는 행성이지요. 이 풍부한 물은 태양에너지를 받아 자연스럽게 순환하면서 지구 생명체가 살아갈 수 있는 환경을 만들어 줍니다.

그 가운데 사막은 여러 기후를 가진 지구의 특성상 본래부터 비가 잘 내리지 않는 지역입니다. 문제는 자연적으로 발생한 사막이 아니라 인간의 활동으로 인해 생긴 건조한 지대가 점점 늘어나고 있다는 데 있지요. 국제연합환경계획(UNEP)은 사막화를 인간의 영향 혹은 기후 변동으로 인해 연강수량 600mm 이하의 건조 지역과 반건조 지역에서 사막이 확장되는 현상으로 정의하고 있습니다.

이들 건조 지역은 지표면 육지의 41%에 달하는데, 매년 약 6만 km²의 면적이 사막으로 변함으로써 점점 증가 추세에 있다고 해요. 중앙아시아와 북아프리카와 같은 가장 가난한 지역이 포함되어 있는 이 건조 지역에는 약 20억의 인구가 살고 있으니 문제가 더욱 심각합니다.

만약 사막화가 계속 진행된다면 이들은 더 이상 농사를 지을 수 없게 되어 가난과 식량난은 더욱 극심해질 수밖에 없을 겁니다. 실제로 사하라 사막 주변에서 아라비아 반도를 거쳐 중앙아시아로 이어지는 세계 최대의 사막화 지역에서는 이미 물과 식량을 찾아 이동하는 환경난민이 속출하고 있습니다.

그렇다면 사막화의 원인은 무엇일까요? 그 원인은 자연적인 것과 인위적인 것, 두 가지로 나누어 볼 수 있습니다. 자연적인 요인은 대기의 순환에 문제가 생길 때 발생하지요. 가령 고기압대가 위치한 곳에는 비가 잘 내리지 않아 극심한 가뭄이 계속되면서 사막이 발달하게 됩니다. 사하라 사막이 대표적인 예죠.

인위적인 사막화는 인구의 증가로 인해 경작지 개발과 방목이 지나치게 이루어지면서 삼림이 황폐화되는 데서 비롯됩니다. 마구잡이 벌목과 방만한 목축, 무분별한 지하수 개발로 말미암은 중국의 사막화가 대표적인 경우이지요.

숲은 토양에 수분을 저장하는 역할을 합니다. 그런데 숲이 없어지면 토양의 수분이 줄고, 땅이 태양에너지를 그대로 반사해서 지표면의 온도도 떨어지게 되지요. 또한 토양에 수분도 부족하고 지표면이 차가워지면 대기도 역시 건조해집니다. 이에 따라 강우량이 감소해 토양은 점점 더 말라가는 거랍니다.

자연적인 요인에 의한 사막화 비율이 13%인데 반해 인위적 요인에 따른 사막화는 87%에 달한다고 하니, 인간의 책임이 얼마나 큰지 알 수 있겠지요?

특히 중국의 경우, 사막화 속도가 엄청나게 빨라지고 있습니다. 1960년대 이전에는 연평균 1,560 km²가 사막으로 바뀌었으나, 1970~1980년대에는 2,100 km², 현재는 약 3,000 km²(서울 면적의 약 5배)가 해마다 사막으로 바뀌고 있습니다. 그런가 하면 몽골은 이미 국토의 90%가 사막화 위기에 처했으며, 과거 30년 동안 목초지 6.9만 km²가 감소하고 식물의 종수는 1/4로 감소했다고 해요.

첫째 날

둘째 날

셋째 날

넷째 날

다섯째 날

여섯째 날

일곱째 날

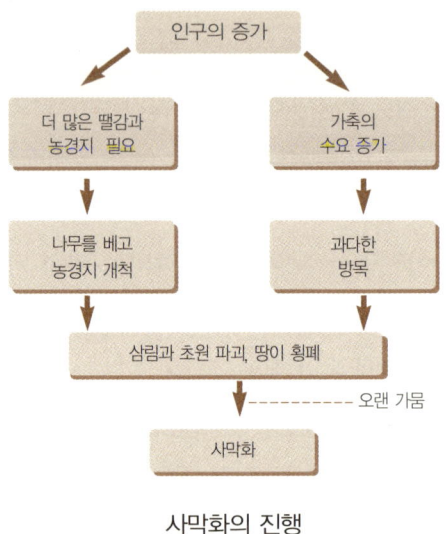

사막화의 진행

사막화는 그곳에 사는 생명체에는 사형선고나 다름없습니다. 생각해 보세요. 메마른 땅에서 농산물을 생산할 수 있을까요? 사막화는 결국 기근과 모래·먼지 폭풍으로 인간의 목숨마저 위협하고 말 겁니다. 게다가 물 부족 현상은 물을 확보하기 위한 심각한 전쟁을 일으킬 수도 있죠.

그렇다면 사막화를 막는 방법은 무엇일까요? 이 엄청난 재앙을 되돌릴 수 있는 비결이란 참으로 간단합니다. 바로 나무를 심는 일이거든요. 그래서 중국의 경우 2050년까지 북서부 405만 km^2에 방풍림을 만들어 바람을 막아 모래 먼지를 줄일 계획이라고 합니다.

하지만 사막화는 이미 한 국가만의 문제가 아니기 때문에 전 지구적 차원에서 협력해야 합니다. 실제로 UN에서는 매년 6월 17일을 '세계 사막화 방지의 날'로 정하고 사막화 방지를 위한 세계의 협력을 이끌어내고 있지요. 또한 사막화로 인한 황사에 직접 피해를 입는 동북아 국가들도 국가와 민간 차원에서 사막 주위에 숲을 조성하는 데 힘을 쏟고 있고요. 여러분도 황사가 싫 다고 말하는 데 그치지 말고 사막화의 심각성과 방지책에 관심 을 갖고 작은 힘이나마 보태길 바랄게요.

첫째 날

둘째 날

셋째 날

넷째 날

다섯째 날

여섯째 날

일곱째 날

친절한 카리스마

6월 17일이 국제연합이 정한 '세계 사막화 방지의 날'이라는 사실을 아시 나요? 이 날은 지구가 점점 사막으로 변하는 현실을 경고하는 것은 물론 토양이 황폐해지면서 심각해지는 식량 및 물 부족 현상을 방지하고 해결을 모색하기 위한 취지에서 지정되었지요.
그 시작은 1994년 6월 17일, 프랑스 파리에서 채택한 사막화방지협약에서 출발합니다. 기상이변과 산림황폐 등으로 심각한 가뭄이나 사막화의 영향 을 받고 있는 국가들의 사막화를 방지하여 지구환경을 보호하기 위해 만든 협약이죠. 같은 해 국제연합총회에서는 협약 채택을 기념하여 매년 6월 17 일을 '세계 사막화 방지의 날'로 지정합니다.
황사의 직접적인 피해를 받고 있는 우리나라는 1999년에 사막화방지협약 에 가입, 삼림녹화와 피해국 지원을 위해 노력하고 있습니다.

사라져 가는 숲, 그리고 생물들

6

　일상생활에서 지친 몸과 마음을 달래기 위해 사람들은 자연의 품을 찾곤 합니다. 그 중에서도 숲에서 느껴지는 편안함이란 다른 곳에서는 찾아보기 힘들지요. 쌤은 숲이라는 단어만 떠올려도 맑고 시원한 공기가 와 닿는 것 같아 머리가 맑아지는 느낌이 듭니다. 하지만 이는 저만의 느낌은 아닐 겁니다. 실제로 숲의 나무들은 광합성을 통해 이산화탄소를 소비하고 인간이 숨 쉬는 데 필요한 산소를 만들어 주니까요.

　인간의 활동으로 나날이 늘어나는 이산화탄소를 정화시켜주는 숲은 지구온난화가 날로 심각해지는 요즘 그 중요성이 더더욱 커지고 있습니다.

　숲은 또한 물을 보관하는 저장고의 역할을 하기도 합니다. 즉 비가 내릴 때 빗물을 저장하여 천천히 하천으로 흐르게 함으로써 홍수를 막고 가뭄을 예방하는 기능도 하지요.

　그뿐이 아닙니다. 숲에 가면 다람쥐나 작은 곤충들을 쉽게 볼 수 있죠? 사실 우리 눈으로 볼 수 있는 생물 외에도 숲은 크고 작은 동식물이 살아가고 있는 생명체 모두의 삶의 터전인 셈이지요.

　그런데 아세요? 이렇게 소중한 숲이 지구상에서 빠른 속도로 사라지고 있습니다. 세계에서 열대우림이 가장 빠른 속도로 파괴되고 있는 나라 중 하나인 인도네시아만 하더라도 산업화와 불법 벌목으로 열대우림이 이미 황폐해졌지요. 이로 인해 홍수와 산사태, 가뭄 등의 자연재해가 빈번하게 발생하는 것은 물론이고, 숲이 주던 모든 이로움을 잃게 되었습니다.

그럼 여기서 잠시 퀴즈 하나를 풀어 보죠. 햄버거와 숲, 이 둘은 어떤 관계가 있을까요? 생뚱맞은 질문 같나요? 하지만 잘 들어 보세요.

햄버거의 소비로 유명한 미국은 매 초마다 햄버거가 200개씩 팔린다고 해요. 이 햄버거 속에 넣을 쇠고기 100g을 얻기 위해서는 약 5m²의 숲을 베어야 한답니다. 햄버거를 만들기 위해서 사육되는 소들, 이들의 먹이가 될 풀, 풀을 얻기 위해 베어지는 나무들, 그리고 숲의 파괴⋯⋯ 이러한 반복은 계속되지요. 그렇습니다. 여러분이 너무 좋아하는 햄버거가 숲을 사라지게 하는 범인 중 하나였던 것입니다.

여기서 쌤이 이야기하고 싶은 것은 숲을 보금자리로 살아가는 동식물에 관해서입니다. 지난 100년 동안 인간의 산업 및 문화 활동 등으로 말미암아 생물의 종은 꾸준히 사라져 왔습니다.

구체적으로 살펴볼까요? 1600~1900년 사이에는 4년에 1종의 생물이 멸종해 모두 75종이 멸종된 데 이어, 1900년대 초에는 1년에 1종씩, 1970~1980년대 중반에는 1년에 1,000종씩, 그리고 1980년대 중반 이후부터는 하루에 100종씩 연간 4만 종씩 멸종하고 있다는 주장이 나오고 있지요.

이런 수치가 전혀 놀랍지 않다면 지구상에 사는 65억 이상의

첫째 날

둘째 날

셋째 날

넷째 날

다섯째 날

여섯째 날

일곱째 날

인간이 1종의 생물에 지나지 않는다는 사실을 상기해 보세요. 그 1종의 이기심 때문에 수많은 생물이 멸종되었다는 사실도 함께 말입니다. 게다가 이와 같은 추세라면 2020년경에는 전 생물종의 5분의 1이 사라질 것으로 예측된다고 합니다.

그러고 보니 쌤이 어렸을 적에는 흔히 볼 수 있었던 나비나 잠자리가 요즘은 도통 보이지 않는군요. 비가 내리기 전엔 어김없이 땅바닥에 닿을 듯 곡예비행을 하던 제비도 구경한 지 꽤 되었고요.

혹시 '나비효과'라는 말을 아시나요? 간단히 설명하면 나비의 날갯짓과 같은 사소한 사건이 엄청난 결과를 초래할 수 있다는 뜻이지요. 이런 나비효과가 자연계에서도 진행되고 있지 않을까 하는 염려를 지울 수가 없군요.

나비가 생태계에서 사라지고 있다는 사실은 큰일처럼 느껴지지 않을지도 모릅니다. 하지만 국제자연보호연맹의 발표에 의하

친절한 카리스마 --------------------------------

아마존 강 유역의 원주민들이 시력을 잃어가고 있다고 합니다. '지구의 허파'라고 불리는 아마존 밀림은 지구 전체 산소의 1/4을 공급하며 온갖 오염물질을 걸러주는 여과기의 역할을 해왔습니다. 하지만 최근 들어 이 숲을 마구잡이식으로 베어 버림으로써 숲의 제 기능을 급격히 상실하고 있는 것이죠. 전 세계 동식물종의 30%가 서식하고 있는 이 밀림이 베어진 곳에는 유럽의 닭 공장에서 사용될 사료의 재료인 콩이 재배되고 있으며, 이 콩으로 사육된 닭들은 미국의 패스트푸드 점으로 팔려 나간다고 합니다. 그런데 그것이 원주민들의 시력과 무슨 관계가 있냐고요? 아마존 강 유역에서 대대로 사냥과 농사를 해온 원주민들은 강렬한 햇빛으로부터 보호해 주던 울창한 숲이 사라지자 따갑게 내리쬐는 햇볕을 무방비 상태로 받게 되었습니다. 그리고 결국 과다한 직사광선에 노출된 그들의 눈은 시력을 잃고 만 것입니다. 숲의 파괴, 과연 누구를 위한 선택일까요?

면 전 세계 양서류의 32%, 거북 종류의 42%가 줄어 멸종 위기에 처해 있다고 합니다.

생물 다양성의 보고인 열대우림은 1950년부터 1990년까지의 40년 동안 그 면적이 20%나 감소했습니다. 당연히 그곳에 삶의 터전을 마련했던 생물들은 멸종 위기에 직면할 수밖에 없었겠지요. 앞서 말했듯이 숲의 파괴는 바로 생물들이 살아갈 터전의 파괴를 의미하니까요.

이런 일들이 우리와 멀리 떨어진 열대우림의 일이라고 무시해선 안 됩니다. 특정 생태계의 변화는 다른 생태계에도 영향을 주게 마련이며, 이것의 영향력은 이내 걷잡을 수 없이 퍼져 나가게 될 테니까요. 따라서 여러분도 일회용품 사용을 줄이는 등 조금이라도 자연을 덜 훼손시키는 일에 동참하는 게 좋겠죠?

첫째 날

둘째 날

셋째 날

넷째 날

다섯째 날

여섯째 날

일곱째 날

바다의 사막화

겉보기에는 항상 변함없는 바다 역시 그 속을 들여다보면 오염 정도가 상당히 심각한 수준에 이르렀다. 그런 바다가 앓고 있는 심각한 병 가운데 하나가 바로 갯녹음 현상, 이른바 백화현상이다.

갯녹음이란 바닷물 속에 녹아 있던 단단한 탄산칼슘 성분이 흰색을 띠며 암반을 뒤덮는 현상을 말한다. 따라서 갯녹음 현상이 발생하면 미역과 다시마 등 토종 해조류가 사라지고 이를 먹이로 성장하는 전복, 소라 등 어패류도 자취를 감추게 된다. 결국 바다 밑은 어족자원으로는 쓸모없는 불가사리 등만 번식함으로써 불모의 사막처럼 황폐화되는 것이다.

우리나라의 동해안도 심각한 사막화 위기에 처해 있다. 바닷가 곳곳에서 자라나던 싱싱한 해초들은 사라지고, 이 자리를 뿌연 악성조류가 차지하게 된 것이다. 뿐만 아니라 해초에 알을 낳거나 해초를 먹고 사는 전복, 성게 역시 격감하고 있는 중이다. 그 결과 강릉에서 포항에 이르는 2,000리 동해 연안 해역이 '풀 없는 바위'만 덩그러니 남는 바다의 사막화가 한창 진행중이다.

갯녹음의 원인은 아직 정확하게 밝혀지지 않았지만 온실효과로 인한 수온 상승을 비롯해 이산화탄소 등 오염물질의 수중 유입 등 복합적인 요인이 작용하는 것으로 추정하고 있다.

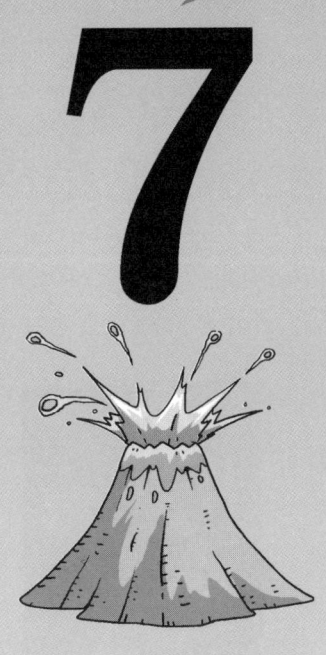

일곱째 날

우주 탐사단,
제2의 지구를 찾아서

7

우주개발

지구에 등장한 이래 문명을 이루면서 급속한 발전을 이룩한 인류는 지구가 아닌 우주 공간에 관심을 가지게 됩니다. 그리고 꾸준한 연구에 힘입어 우주의 비밀이 하나둘 밝혀지고 있지요.

현재 인류의 꿈은 더 멀리 더 오래 지구 밖 우주공간을 여행하는 것으로 발전했습니다. 우주개발의 선두에 서 있는 미국의 항공우주국(NASA)은 최근 450°C에 이르는 뜨거운 금성의 지표를 탐사할 수 있는 로봇을 만들고 있다고 합니다. 또 1,100광년이나 떨어진 우주 공간에서 초속 200~300km로 가스를 뿜어내는 '아기 별'의 사진을 찍어 공개하기도 했지요.

스푸트니크 2호

이뿐만이 아닙니다. 우주왕복선과 국제우주정거장이 만들어져 일반인의 우주여행이 머지않아 시작될 것이라는 전망이 나오고 있습니다. 실제로 2001년 러시아의 소유스 TM32호가 우주관광객을 태우고 국제우주정거장(ISS)으로 가 8박 9일간 머물다 오기도 했지요.

그럼 인류는 우주 어디까지 날아갔을까요? 적어도 태양계 행성들은 다 다녀왔을 거라고 생각한다면, 틀렸습니다. 1957년 지구에서 첫 우주선이 발사된 이래 인류가 발자국을 남긴 곳은 달뿐이랍니다. 지구에서 가장 가까운 행성인 금성이나 화성에조차 사람이 직접 간 적은 없죠.

실망하셨다고요? 하지만 인류의 우주여행을 위해서는 해결해야 할 문제들이 많습니다. 우주는 지구와는 완전히 다른 세상이니까요. 자, 그럼 우주 탐사를 위해 인류가 어떤 노력을 해 왔는지 살펴볼까요?

우주로 향하는 인류의 첫걸음은 1957년 10월 4일 옛 소련이 쏘아 올린 세계 최초의 인공위성 스푸트니크 1호였습니다. 스푸트니크의 성공은 인류의 우주를 향한 도전에 신호탄이 되었고, 같은 해 소련은 동물을 우주로 내보내는 데에도 성공합니다. 1957년 11월 3일 실험용 개인 '라이카'를 태운 스푸트니크 2호를 우주에 쏘아 올려 생물체가 생존할 수 있는지 실험한 것이죠. 안타깝게도 라이카는 발사 후 5~7시간 만에 죽고 맙니다. 그때 전송 받은 자료에 의하면 캡슐 내부의 높은 온도와 이상 기압 등이 그 원인이라고 합니다.

하지만 1960년 8월 19일 쏘아 올린 스푸트니크 5호에 탑승한 여러 동물과 식물은 무사히 지구로 돌아온답니다. 실험용 개 2마리와 생쥐 40마리, 쥐 2마리, 그리고 여러 종류의 식물들이 무사히 우주여행을 마치고 돌아온 거죠.

동물실험에 성공한 소련은 이제 사람을 태운 우주선을 쏘아 올릴 계획을 세웁니다. 그리고 1961년 보스토크 1호 유인우주선을 지구 궤도에 진입시키고 지구를 한 바퀴 돈 다음 무사히 귀환

첫째 날

둘째 날

셋째 날

넷째 날

다섯째 날

여섯째 날

일곱째 날

175

시키는 데 성공했어요. 여기에 탑승한 행운의 우주비행사는 유리 가가린으로, 세계를 깜짝 놀라게 하며 인류 최초의 우주인으로 기록되었죠.

또 1963년에는 최초의 여성 우주인인 테레시코바가 무려 70시간 동안 지구를 48바퀴 도는 데 성공함으로써, 소련은 연이어 '세계 최초' 라는 타이틀을 차지해 나갔습니다.

냉전시대 당시 소련의 경쟁국이었던 미국은 소련의 연이은 성공에 자존심이 상했죠. 그래서 1958년에 항공우주국을 설립하고 우주개발에 박차를 가합니다. 그리고 1969년 유인우주선 아폴로 11호를 달로 보내 인류 최초로 달에 발자국을 남김으로써 체면을 세우게 됩니다. 이때 암스트롱과 올드린은 고요의 바다 달에 착륙하였고 콜린스는 사령선에서 달 표면 사진을 찍으며 달을 탐사하는 데 성공했지요. 당시 달 표면에 찍힌 발자국은 40

달에 찍힌 인류의 발자국

달에 착륙해 탐사하고 있는 암스트롱의 모습

년이 지난 지금도 선명하게 남아 있답니다.

그렇지만 이러한 성공 뒤에는 많은 어려움이 있었어요. 달에 가기 위한 계획이 착착 진행되던 1966년과 1967년, 소련과 미국 모두에게 우주개발의 가장 큰 위기가 닥쳤거든요.

미국에서는 아폴로 우주선을 만드는 동안 우주에서 필요한 각종 기술을 실험했어요. 그 실험이 끝날 즈음 3명의 우주인을 태우고 달을 향해 날아갈 우주선 아폴로 1호가 완성되었죠.

아폴로 우주선의 첫 발사는 1967년 2월 21일로 정해졌어요. 여기에는 머큐리 우주선을 타고 소련의 가가린에 이어 두 번째로 우주비행에 성공한 거스 그리섬과, 제미니 4호를 타고 미국 최초로 우주 유영에 성공한 에드워드 화이트, 달 탐험을 위해 선발한 신참 우주인 로저 체피가 탑승하기로 되어 있었습니다.

발사가 한 달 앞으로 다가왔을 때 아폴로 1호에서는 훈련이 한창 진행되고 있었어요. 우주를 비행할 때와 비슷한 상태에서 훈련하기 위해 우주선에는 순수 산소가 채워지고, 이중으로 된 우주선의 문은 완전히 닫혔지요. 순수 산소는 우주인이 숨을 쉬기 위해 꼭 필요한 것이지만, 화재가 일어날 경우 매우 위험한 기체이므로 조심해야 해요.

그런데 우려하던 일이 생기고야 맙니다. 훈련이 거의 끝날 무렵, 불량 전선에 의

불에 탄 아폴로 1호의 내부

첫째 날

둘째 날

셋째 날

넷째 날

다섯째 날

여섯째 날

일곱째 날

해 일어난 불꽃으로 화재가 발생한 거죠. 우주선 창문을 통해 이글거리는 불꽃과 겁에 질린 채 문을 열려고 애쓰는 우주인들의 모습이 보였습니다.

밖에서 대기하고 있던 기술자들이 모두 매달려 문을 열려고 했으나 뜨거운 열기와 연기 때문에 가까이 다가가는 것조차 쉽지 않았지요. 약 6분이 지난 다음에야 겨우 문을 열 수 있었지만 그땐 이미 3명의 우주인이 모두 사망한 뒤였습니다.

한편 소련에서도 3명의 우주인을 달로 보내려고 소유스 우주선을 만들었어요. 그리고 1967년 4월 23일, 달 탐사의 첫 관문인 우주선 발사에 성공합니다. 하지만 우주 공간에서 태양 전지판이 펼쳐지지 않더니 지상과의 통신도 잘 이뤄지지 않았어요. 게다가 조종 장치에도 문제가 생겼습니다. 결국 소유스 호에 탑승한 우주인은 임무를 포기하고 지구로 돌아와야만 했어요.

그런데 귀환 과정에서 또 문제가 생깁니다. 낙하산이 제대로 펼쳐지지 않아 우주선이 지상과 충돌할 때 산산조각이 나고 만 거죠. 우주인들은 상부에서 너무 급하게 서두른 탓에 위험한 요소를 알면서도 소유스 1호에 올랐다가 사고를 당한 겁니다. 실로 안타까운 일이지요. 달 탐사는 많은 사람들의 희생을 딛고 성공한 거랍니다.

달 탐사에 성공한 이후 소련과 미국의 우주개발 경쟁은 더욱 치열해집니다. 달을 탐사하는 데 이어 태양계의 행성을 탐사하기 위한 연구에 박차를 가했답니다. 소련은 무인우주선 비너스 호를 통해 금성의 대기구조를 알아내는 데 성공했습니다. 이어서 미국 역시 무인탐사선 바이킹 1호와 2호를 화성으로 보내고, 파이어니어 호와 보이저 1, 2호를 목성과 토성, 천왕성, 해왕성으로 보내 각 행성의 모습을 찍기에 이르렀죠. 보이저 2호는 아직도 우주를 탐사 중이며 연료가 다 닳는 2020년까지 활동할 계획입니다.

한편 우주로 향하는 우주선이 만들어지는 동안 갖가지 임무를 띠고 지구 주위를 도는 인공위성도 만들어졌답니다. 1965년 프랑스의 인공위성 A1 발사를 시작으로 중국(1970년, 동방호 1호)과 영국(1971년, 블랙나이트 1호), 인도(1980년, 로히니 호) 등도 연달아 인공위성 발사에 성공하지요.

바야흐로 지구에서는 우주개발 전쟁의 시대가 열린 겁니다. 1981년 4월 12일에는 미국이 인류 최초로 유인 우주왕복선인 컬럼비아 호를 발사했지요. 그 전의 우주선들은 지구로 돌아오면 다시 쓸 수 없는 일회용이었지만, 컬럼비아 호는 반복해서 우주

친절한 카리스마 -

비운의 챌린저 호와 컬럼비아 호
우주탐사 과정에는 많은 사고가 있었습니다. 아폴로 1호의 화재와 소유스 1호의 낙하산 사고를 비롯해, 1986년 1월 28일에는 미국 플로리다 주 케네디 우주센터에서 발사된 우주왕복선 챌린저 호가 발사 후 73초 만에 공중 폭발하는 사건이 일어나지요. 이때 승무원 7명 전원이 사망했는데, 그중에는 최초로 참가한 시민 우주비행사인 고등학교 교사도 포함되어 있었어요.
또 2003년 2월 1일에는 16일간의 우주탐사를 마치고 지구로 돌아오던 컬럼비아 호가 미국 텍사스 주 상공에서 폭발합니다. 28번 째 비행에서 돌아오던 길이었죠. 기체가 노후해 생긴 결함 때문에 대기권으로 진입할 때 열을 차단하는 단열타일에 문제가 있었다고 합니다.

와 지구를 왕복할 수 있게 된 거죠.

1986년 소련은 최초의 유인 우주정거장인 미르를 발사합니다. 1990년에는 나사와 유럽우주국(ESA)이 우주왕복선 디스커버리 호에 허블 우주망원경을 실어 발사시킴으로써 인류의 우주탐사 역사에 새로운 장을 펼치게 되죠. 또한 1998년에는 세계 16개 나라가 공동으로 참여한 국제우주정거장(ISS)이 만들어졌어요.

2000년대에 접어들면서 미국을 비롯해 유럽과 러시아(구소련), 중국 등에서는 새로운 도전을 시작했습니다. 인류의 다음 목표인 유인 우주기지를 달에 건설하겠다는 것과, 드디어 태양계의 행성(화성)으로 유인우주선을 보내겠다는 야심 찬 계획을 세운 것이죠. 특히 미국은 2018년부터 달에 유인기지를 건설하고, 2037년까지 유인우주선 오리온을 화성에 착륙시킬 계획이라고 하네요.

그렇다면 우리나라의 우주개발 수준은 어떨까요? 우리나라는 1992~1993년 소형 실험위성인 우리별 1, 2호의 발사를 시작으로 뒤늦게 우주개발에 뛰어든 후 2006년 7월 자체 제작한 인공위성 아리랑 2호를 발사하는 데 성공했습니다. 위성을 자체적으로 개발할 수 있는 나라는 아직 10여 개국에 불과하다는 것을 생각하면 굉장한 성과이지요.

아직은 위성을 발사할 로켓 기술이 완성되지 않아 아리랑 2호를 러시아에서 발사했지만 2008년 말을 목표로 로켓을 발사하는 연구를 계속하고 있습니다. 이제 곧 우리나라에서 로켓이 쏘아 올려지는 모습을 볼 수 있다니 무척 기대되네요.

　게다가 2020년에는 달에 탐사용 무인우주선을 보낼 예정이라니 우리 모두 관심을 갖고 지켜보자고요. 어쩌면 우리도 우리나라에서 개발한 우주선을 타고 우주여행을 할 수 있을지 모르니까 말입니다.

첫째 날

둘째 날

셋째 날

넷째 날

다섯째 날

여섯째 날

일곱째 날

작은 지구, 바이오스피어 2

2084년을 시간적 배경으로 하는 〈토탈 리콜〉이라는 영화는 미래의 인류가 태양계의 여러 행성에 식민기지를 건설해 살고 있는 모습을 보여 줍니다. 그 중에서 단연 주목받는 행성은 바로 화성이지요.

지구와 비슷한 환경을 가진 화성은 오래 전부터 '제2의 지구'라는 별명을 얻으며 우리의 관심을 받아 왔습니다. 그런데 정말 화성에 제2의 지구를 건설할 수 있을까요? 영화에서는 '자연대기 제조장치'를 이용해 화성에 지구와 비슷한 대기 환경을 인위적으로 만들었다고 합니다.

또 영화 〈레드 플래닛〉에서는 화성을 지구로 만들기 위한 프로젝트가 펼쳐지죠. 어떻게 하느냐고요? 일단 조류(이끼)를 가득 실은 무인 로켓을 화성으로 보냅니다. 그러면 화성에 떨어진 이끼가 화성을 뒤덮으면서 산소를 만들어 내겠죠? 이것은 지구의 원시대기가 형성되는 과정에 착안한 거랍니다.

그런데 과연 이러한 아이디어가 현실에서 성공할 수 있을까요? 또 화성에 지구와 같은 대기조건을 만들면 과연 인류가 그곳에서 살 수 있을까요?

실제로 미국에서는 화성에 신세계를 건설할 목적으로 외부와 격리된 인공 밀폐생태계를 만들었습니다. 미국 애리조나 주의 사막에 들어선 거대한 인공 생태계 바이오스피어 2이죠. 바이오

인공 생태계, 바이오스피어 2

스피어란 지구를 뜻하는데, 또 하나의 인공지구라는 의미에서 바이오스피어 2라는 이름이 붙은 겁니다.

길이 180m에 넓이 8,000㎡, 부피 13만 5,000㎥이며, 총 면적은 1만 3,000㎢에 이르는 이 인공지구의 내부는 세 구역으로 나뉘어 있습니다. 사람들이 거주하는 구역과 농업구역 그리고 자연구역으로 구분되어 있죠.

특히 자연구역에는 열대우림과 사바나, 습지대, 바다, 사막 등 지구상에 존재하는 다양한 생물권을 다섯으로 나누어 재현해 놓고, 지구의 다양한 생물이 고루 포함될 수 있도록 4,000여 종의 생물을 들여 놓았습니다.

또 다양한 지역의 식물들을 모아 심었어요. 우림에는 아마존 밀림에서 가져온 300종이 넘는 식물을 심고, 바다 속은 카리브 해에서 뜯어온 산호초로 가꾸었지요. 그 외에 습지를 조성하고, 논과 밭, 과수원 등을 만들어 농작물을 재배하는 것은 물론, 돼지와 염소, 닭 등의 가축을 키우는 농장도 건설했습니다.

첫째 날
둘째 날
셋째 날
넷째 날
다섯째 날
여섯째 날
일곱째 날

이렇게 인공지구에 지구의 환경을 재현하는 데 수년이 걸렸어요. 그리고 마침내 1991년 9월 26일 8명의 실험자가 2년간의 거주 실험을 위해 바이오스피어 2 속으로 들어갔지요. 이들은 그곳에서 농사를 짓고 바다에서 고기도 잡으며 살아야 했습니다. 외부에서 내부로 들어올 수 있는 것은 햇빛과 전기뿐이었어요.

그 후 이들은 벼, 밀, 상추 등 150여 종의 농작물을 직접 경작하고 가축을 키우면서 이 작은 지구 안에서 자급자족이 가능한가를 실험했죠.

하지만 생물과 환경은 그들이 기대한 것과는 다르게 변했고, 결국 18개월 만에 바이오스피어 2는 치명적인 불균형 상태를 맞이합니다. 산소 농도가 급격히 줄어들게 된 거예요. 지구의 공기 중 산소 농도는 21%입니다. 그런데 이 작은 지구에서는 15% 이하로 떨어졌어요. 이는 뇌에 손상을 입힐 수 있는 수준이었죠. 또 대기 중 이산화탄소 농도는 외부보다 3~7배 높은 수준으로 증가했고요.

왜 이런 일이 벌어진 걸까요? 범인은 바로 토양속의 미생물이었습니다. 이들의 왕성한 활동이 예상보다 많은 산소를 소비하고, 식물들이 미처 흡수하지 못할 정도로 많은 이산화탄소를 만들어 냈던 겁니다.

그런데 지구에서는 왜 이런 일이 일어나지 않는 걸까요? 그건 바다 덕분이랍니다. 바다가 이산화탄소를 저장해 주거든요. 바이오스피어 2에도 바다가 있었지만 너무 작아 이 역할을 제대로 할 수 없었습니다.

또 기후가 변하면서 25종의 작은 동물들 가운데 19종이 멸종하기도 했습니다. 개미와 바퀴와 같은 일부만 제외하고 곤충들이 거의 대부분 사라지자 식물들도 제대로 번식할 수 없게 되었지요.

상황이 점점 나빠지면서 사람들은 영양 부족으로 야위어 갔습니다. 작은 지구 속의 사람들은 곧 심리적인 불안에 휩싸여 서로 다투기 일쑤였습니다. 결국 인위적으로 산소와 이산화탄소의 양을 조절하고 식량을 공급하는 한편 조명도 추가로 설치해야 했지요.

이렇게 2년을 겨우 버틴 사람들은 비쩍 마른 몰골로 바깥세상에 나왔습니다. 그리고 1994년 10개월을 목표로 2차 실험이 시작되었지만, 밀폐된 문과 창문을 활짝 열어 실험을 엉망으로 만드는 일까지 벌어지면서 계획된 기간을 다 채우지 못한 채 끝나버리죠.

결과적으로 바이오스피어 2의 계획은 실패로 끝났습니다. 하지만 이 실험을 통해 과거에 미처 알지 못했던 많은 사실을 알게 되었습니다. 자연이 어떻게 움직이는지에 대해 많은 정보를 얻은 거죠. 특히 토양의 미생물, 바다 그리고 식물들이 대기의 산소와 이산화탄소 농도 변화에 상당한 영향을 미친다는 사실을 알수 있었습니다.

또 그 작은 세계 안에서 기후가 변하고 그 과정에서 생물이 멸종되는 것을 지켜보면서, 현재 지구가 겪고 있는 환경 문제의 심각성을 깨닫게 되었죠. 지금 벌어지는 지구 생태계의 여러 문제

첫째 날

둘째 날

셋째 날

넷째 날

다섯째 날

여섯째 날

일곱째 날

들이 계속된다면 어떤 일이 벌어질지 직접 겪게 된 겁니다.

이쯤이면 여러분도 짐작할 수 있겠지요? 지금처럼 화석연료를 계속 사용해 대기 중 이산화탄소의 농도가 높아진다면 어떤 일이 벌어질지 말입니다. 열대우림은 지금처럼 지구의 허파 역할을 하지 못할 것이며, 이산화탄소의 농도가 지금의 2배가 될 때쯤에는 이산화탄소를 흡수하는 게 아니라 오히려 내뿜을 것이랍니다.

화성에 신세계를 만들 목적으로 진행된 바이오스피어 2 계획을 통해 인류는 많은 사실을 깨달았습니다. 우선 화성 신세계를 향해 가는 길은 아직도 멀고 험난하다는 것이죠.

하지만 그보다 더 중요한 것은 인류가 지금과 같은 속도로 지구를 파괴해 나간다면 치유할 방법이 거의 없다는 것입니다. 어쩌면 우리 후손들은 우리가 누리고 있는 이 안락한 환경을 경험하지 못하고 아직 미완성인 인공지구에서 생명의 위협을 받으며 살아야 할지도 모르죠.

지구 위의 지구, 우주정거장

첫째 날
둘째 날
셋째 날
넷째 날
다섯째 날
여섯째 날
일곱째 날

바이오스피어 2 계획과 더불어 우주에 대한 인류의 꿈과 동경은 꾸준히 자랐습니다. 그리고 단순한 호기심을 넘어 무한한 자원의 보고로 우주를 새롭게 인식하기에 이르렀죠. 점차 고갈되어 가는 지구의 자원과 포화상태에 이른 지구인들의 생존을 위해 반드시 우주를 개척해야 할 필요를 느끼고, 세계 각국은 우주를 정복하기 위해 전 국가적인 노력을 기울이고 있습니다.

우주 공간은 지구와는 완전히 다른 환경입니다. 초저온 진공에, 무중력 상태이죠. 따라서 우주 진출을 위해서는 먼저 인류가 우주 환경에 적응할 수 있도록 훈련할 공간이 필요합니다. 러시아의 살류트와 미국의 스카이랩과 같은 1세대 우주정거장은 바로 이런 목적으로 만들어졌습니다.

세계 최초의 우주정거장 살류트 시리즈(1~7호)는 러시아에서 개발했는데, 살류트는 1호는 1971년에 발사되었습니다. 그리고 4일 후 우주선 소유스 10호가 우주정거장에서 생활할 우주인을 싣고 살류트 1호를 향해 날아가 도킹에 성공합니다. 하지만 출입문이 열리지 않아 우주인들은 곧바로 지구로 귀환해야 했지요.

2개월 뒤에는 3명의 우주인을 실은 소유스 11호가 발사되었습니다. 그리고 우주인들은 23일간 우주정거장에 머물면서 우주와 지구를 관측하고 우주 식물학을 연구했어요. 이로써 우주정거장이 인류가 우주환경에 적응하는 훈련에 유용하게 쓰일 수 있음이 증명되었죠.

하지만 임무를 성공적으로 마친 세 우주인은 안타깝게도 비극적인 최후를 맞이합니다. 소유스 11호는 지구로 무사히 귀환했지만, 그땐 이미 세 우주인이 모두 질식사한 뒤였거든요. 밸브에 결함이 생겨 우주선의 문이 완전히 닫히지 않은 때문이었다고 합니다.

그 후 러시아는 계속해서 살류트 2~5호를 쏘아 올렸습니다. 하지만 이들 대부분은 수명이 그리 길지 않았습니다. 4호만이 2년 정도 궤도에 머물렀지요.

처음 우주정거장이 만들어졌을 때 사람이 체류할 수 있는 기간은 몇 주에 불과했어요. 하지만 시간이 지나면서 6개월 정도로 연장되었습니다. 여기에는 여분의 도킹 장치가 큰 몫을 했지요.

우주 공간에 장시간 머물기 위해서는 생필품을 보급해 주는 보급선이 우주정거장으로 다가가 도킹(우주 공간에서 우주선이 다른 비행체와 결합하는 것)할 수 있어야 합니다. 그러려면 우주정거장에는 우주선이 도킹한 포트 외에 여분의 도킹 포트가 있어야 하죠. 도킹 포트는 컴퓨터 본체에 달린 USB 포트에 비유할 수 있어요. 하지만 이전의 살류트에는 도킹 장치가 하나뿐이었답니다.

살류트 7호

그런데 살류트 6호와 7호가 드디어 여분의 도킹 포트를 갖게 되었습니다.

이로써 우주정거장에 머무는 승무원들에게 다른 우주 비행사들이 찾아갈 수도 있고, 보급선인 프로그레스가 생필품을 그곳까지 배달해 줄 수 있었습니다. 1982년에 발사된 살류트 7호는 4년 동안이나 가동되었다고 하네요.

스카이랩 4호

한편 미국에서도 1973년 5월 14일 우주정거장 스카이랩을 발사했습니다. 원통의 기체에 날개 모양의 태양 전지판을 갖춘 스카이랩은 1980년까지 수많은 우주 관측과 우주환경에서의 적응 실험을 수행했지요.

특히 무중력 상태의 심장박동 변화와 같은 인체의 변화를 면밀히 관찰해 인간의 우주 생활을 연구하는 데 필요한 많은 의학적 자료를 제공해 주었습니다.

스카이랩은 발사 초기부터 기술적 문제를 나타내기도 했지만, 성과를 많이 이뤄내서 사람들의 우주에 대한 인식을 변화시키고 차세대 우주정거장 건설에 원동력이 되었지요.

2세대 우주정거장은 1986년 2월 20일 러시아가 쏘아올린 미르입니다. 미르는 '평화' 또는 '세계' 라는 그 뜻에 걸맞게 12개 나라에서 온 104명의 우주인을 맞아 우주에서 1만 6,500여 건의 실험이 가능하게 했지요. 미르에서의 연구활동은 크게 두 가지

첫째 날

둘째 날

셋째 날

넷째 날

다섯째 날

여섯째 날

일곱째 날

미르와 우주선 애틀랜티스 호의 도킹 모습

로 살펴볼 수 있습니다. 하나는 중력과 우주기술, 우주에서의 생명과학 등을 연구하는 것이고, 다른 하나는 지구와 우주를 관측하는 일이지요.

15년 넘게 우주에서 수많은 연구를 가능하게 했던 미르는 안타깝게도 러시아의 경제난으로 2000년 11월 폐기하기로 결정되었습니다. 그리고 곧 2001년 3월 23일 대기권에 진입하면서 불타 태평양에 파편을 뿌리면서 사라지고 말았지요. 이때까지 미르는 지구궤도를 약 8만 8,000회 돌면서 36억 km를 날았습니다.

그럼 미르에서는 사람이 얼마나 오래 머물렀을까요? 한 사람이 한 번에 가장 오래 머문 기록은 무려 438일입니다. 또 어떤 사람은 3회에 걸쳐 2년 이상 우주에 머물기도 했지요.

이제 우주 정거장은 무중력 상태에서 인간이 적응하도록 훈련하는 공간 이상의 의미를 가지게 됩니다. 말 그대로 우주에 있는 정거장으로서 역할을 할 수 있게 된 거죠. 지구와 행성 사이를 오가는 우주선에 연료나 음식을 공급하고, 우주 여행객들이 잠시 쉬거나 병이 났을 때 치료받을 수도 있습니다.

또 우주정거장은 무중력 상태의 적응이라는 초기 목표를 뛰어넘어 인류가 우주에서 영구 거주할 수 있는 가능성을 열어 주었다고도 할 수 있어요.

미르가 사라지고 새로 건설된 우주정거장은 미국과 러시아, 유럽 우주기구, 캐나다, 일본, 브라질 등 세계 16개국이 참여해 건설한 국제우주정거장(ISS)입니다.

우리나라가 참여하지 못해 아쉽다고요? 예, 그렇습니다. 하지만 우리나라의 최초의 우주인인 고산 씨가 소유스 호를 타고 이 국제우주정거장으로 갈 우주인으로 선발되었으니, 이것도 큰 쾌

친절한 카리스마

우주인은 어떤 조건을 갖춰야 할까?

우주인이 되려면 엄격한 기준을 통과해야 하는데, 미국의 선발기준에 따르면 대담하고 용기 있는 사람, 냉정하고 결단력 있는 사람, 튼튼한 체력과 강인한 정신력을 가진 사람이어야 합니다.

좀더 구체적으로 살펴볼까요? 우선 신체조건으로는 35세 이하이면서 키 178cm 이하, 체중 81kg 이하여야 하고, 심전도와 뇌파, 시력, 안구, 혈액 등에 대한 정밀검사를 통과해야 합니다. 또 공과대학을 졸업한 공학사이면서 현재 시험비행사 자격을 지녀야 하지요.

무중력 상태의 우주에서 지내려면 체력검사는 필수겠죠? 체력검사는 일정한 시간 동안 지속적으로 자전거페달을 밟을 수 있는지, 또 온도가 50℃에 가까운 방이나 기압이 낮은 방에서 일정한 시간 동안 버틸 수 있는지 등 치밀하게 이루어진답니다.

여기서 끝나는 것도 아닙니다. 다양한 심리 테스트에도 무사통과해야 하니, 아무나 우주인이 될 수 있는 건 아닌 것 같아요. 우주인들 정말 존경스럽네요.

첫째 날

둘째 날

셋째 날

넷째 날

다섯째 날

여섯째 날

일곱째 날

거라 할 수 있겠지요.

　앞으로 남은 모든 작업이 끝나면 국제우주정거장은 약 450톤의 무게에 축구경기장의 1.5배 정도의 규모를 가지게 될 것이며, 6개의 정밀 실험실 모듈에 6~7인의 우주인이 상주하면서 각종 연구를 진행할 것이라고 합니다. 이 프로젝트에는 우리나라도 참여할 계획이라고 하니, 더욱 국제우주정류장의 모습이 기대됩니다.

　우주 정착이라는 인류의 꿈을 실현하기 위한 준비는 이렇게 차곡차곡 진행되고 있습니다.

여섯 째 날 살펴본 것처럼 급격한 인구 증가와 산업의 발달로 지구는 황폐해지고 있습니다. 게다가 2050년이 되면 인구가 약 100억 명에 다다를 것으로 전망하고 있지요. 그러면 당연히 지금보다 훨씬 환경이 파괴되어 인간은 물론 모든 생명체가 살아가기 힘든 별이 될 거예요. 그래서 선진국들을 중심으로 인간이 이주할 제2의 지구를 찾는 탐사가 진행 중이랍니다.

지금까지 태양계 밖에서 약 230여 개에 이르는 행성을 찾았지만 모두 온도가 너무 높거나 낮아서 생명체가 살 가능성은 전혀 없다고 해요. 우주에는 대략 1,000억 개 정도의 은하가 있고, 그 은하에는 또 1,000억 개 정도의 항성이 존재하며, 그 항성 주변에는 다시 수많은 천체가 돌고 있는 것으로 추정합니다. 이렇게 많은 별 중에서 제2의 지구를 찾는 게 결코 쉬운 일은 아닙니다.

그럼 제2의 지구는 어떤 조건을 갖추어야 할까요?

우선 행성에 액체 상태의 물이 존재해야 합니다. 어딘가에 있을 외계 생명체는 물이 필요 없을지 몰라도 지구의 생명체는 물이 없으면 곧 죽음에 이르니까 말이죠. 그런데 물이 액체 상태로 존재하려면 행성의 표면 온도가 0~100°C 사이어야 한답니다. 물은 0°C 이하면 얼어 버리고 100°C 이상이면 끓는다는 건 다 알죠? 즉, 생명체가 살기에 적당한 온도여야 한다는 얘기에요.

행성의 온도에 영향을 미치는 것은 바로 빛을 내는 별과의 거

첫째 날

둘째 날

셋째 날

넷째 날

다섯째 날

여섯째 날

일곱째 날

리입니다. 지구가 태양과 적당한 거리를 유지하는 것처럼 말이죠. 이처럼 별과 알맞은 거리를 유지해서 액체 상태의 물이 존재할 수 있는 지역을 '생명체 거주가능 지역'(Habitable Zone, HZ)이라고 합니다.

태양계에서 생명체가 거주할 수 있는 지역은 태양으로부터 1억 4,000만~2억 9,000만 km 사이의 공간이에요. 뭐가 생각나나요? 네, 맞습니다. 금성과 화성 사이에 있는 지구가 딱 여기에 해당하지요. 지구가 태양보다 좀더 가깝거나 멀었더라면 지금처럼 우리가 살 수 없었을지도 몰라요.

2006년 12월 27일에는 태양계 밖에서 지구와 비슷한 행성을 찾기 위한 최초의 인공위성이 발사되기도 했습니다. 프랑스의 주도로 유럽우주국이 참여해 개발한 코로입니다. 코로는 2년 반 동안 우주를 돌며 물과 공기, 중력 등 사람이 살 만한 조건을 갖춘 별을 찾을 예정입니다.

우주에 존재하는 수많은 행성 중에서 제2의 지구를 찾기 위해서는 범위를 좁혀야겠지요? 그래서 목성처럼 큰 행성은 제외했답니다. 그렇게 큰 행성은 대부분 기체로 이루어졌거든요. 생명체가 살려면 아무래도 지구처럼 딱딱한 육지가 있어야 할 테니까요. 지구처럼 딱딱한 땅으로 이루어지고, 물과 공기도 존재하며, 적당한 중력을 지닌 것은 물론 점점 불어나는 인구를 고려해 지구보다 2배 이상 큰 별. 부디 코로가 태양계 밖에서 지구만큼 살기 좋은 별을 찾기 바랍니다.

그런데 코로가 제2의 지구를 찾아 나선 지 5개월이 지난 2007

년 4월 유럽남방천문대가 생명체가 존재할 가능성이 있는, 지구와 비슷한 천체를 발견했다고 발표했습니다.

지구에서 약 20광년 떨어진 곳에 있는 이 천체는 지구보다 5배나 무겁고 중력은 지구의 1.6배 정도에요. 이 행성의 평균 기온은 0~40℃로 과학자들은 이곳에 물이 존재하지 않을까 기대한답니다. 그리고 이 행성은 빛을 내는 적색 왜성 글리제 581 주위를 공전합니다. 이 행성과 글리제 581까지의 거리와 글리제 581로부터 받는 빛의 밝기를 계산하면 지구와 비슷한 환경이라는 거죠. 그래서 과학자들은 이 행성에 생명체가 존재할 가능성에 기대를 걸고 '슈퍼 지구'라고 이름 붙였답니다.

슈퍼 지구가 이름처럼 지구와 비슷한 조건을 지녔는지 또는 다른 생명체가 존재하는 행성인지를 밝히려면 오랜 시간이 걸릴 것입니다. 빛의 속도로 날아간다 해도 20년이 넘게 걸리는 먼 곳에 있다고 하니 그 행성에 대한 비밀을 풀려면 아주 많이 연구해야겠죠.

또한 그 행성이 생명체가 살 수 있는 조건을 갖췄더라도 지구에서 너무 멀리 떨어지면 곤란하죠. 지금의 기술로는 그곳에 사람을 보낸다는 것 자체가 불가능하니까요.

결국 지구 생명체가 살아가기 위한 가장 좋은 천체는 바로 지구뿐이라는 생각이듭니다. 그러니 병들어 가는 지구를 그냥 내버려 둘 수는 없겠지요.

45억 년 동안 생명체를 온전하게 지켜온 지구, 이제는 인류가 지구를 지켜야 할 때가 아닐까요? 무수히 많은 별들 중에 우리

첫째 날

둘째 날

셋째 날

넷째 날

다섯째 날

여섯째 날

일곱째 날

인류를 품어 주는 유일한 초록색 별 지구. 우리 모두 아름답고 소중하게 지켜 앞으로도 많은 생명체가 편안하게 살아갈 수 있도록 하자고요!

생명체를 품은 유일한 별, 지구

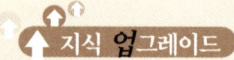

우주에서의 재미있는 실험들

1973년 미국에서 발사한 우주정거장 스카이랩은 우주에서 여러 가지 기록을 세웠다. 그 중에서 미국의 여자 고등학생이 제안한 '무중력 상태에서 거미가 지구에서처럼 그물을 칠 수 있을까'에 대한 실험이 인상적이다. 이 실험을 위해 우주정거장 스카이랩으로 여행 온 아라벨라와 아니타라는 이름의 거미 두 마리는 바뀐 환경에 잠시 머뭇거렸지만 곧 우주인들이 감탄사를 연발할 정도로 아름다운 그물을 만들었다.

1986년 소련이 발사한 최초의 유인 우주정거장 미르에서도 우주 공간에서 처음으로 밀 재배에 성공했다. 우주에서 파종해서 키운 씨앗으로 2세를 다시 싹틔운 업적을 세운 것이다.

현재 지구궤도를 돌고 있는 국제우주정거장에서도 박테리아와 버섯의 포자들이 우주공간에서 생존할 수 있음을 증명했다. 또한 2008년 4월 한국 최초의 우주인 고산 씨가 국제우주정거장에 탑승할 때 초파리를 가지고 갈 예정이다. 정상과 돌연변이 초파리 1,000~2,000마리가 우주 공간에서 유전자 변이를 일으키는지 확인하는 실험이라고 하니 결과가 주목된다.